JN082691

よくわかる最新

ディスプレイの基本と仕組み

液晶から有機EL、量子ドット技術まで

齋藤 勝裕・小宮 紳一　著

秀和システム

はじめに

わが家がブラウン管テレビから薄型テレビに換えたのは2005年ごろでした。当時ブラウン管型はまだ現役でした。薄型テレビは液晶型とプラズマ型が覇を競っていました。

前の買い替えから20年ですので、そろそろ次のテレビを、と思いますが、その間に業界は大きく様変わりし、プラズマ型は姿を消し、代わりに有機EL型が登場しました。一時話題になった立体テレビの3D型も最近では聞かなくなりました。それに代わって最近では、液晶と有機ELのほかに量子ドットテレビという選択肢が登場し、そのほかに4K、8Kという解像度の問題が登場しているようです。

本書はこのように栄枯盛衰の激しい各種モニターについてご紹介しようというものです。現在話題のモニターとなると、最新式の有機EL型、量子ドット型となるでしょう。

有機EL型は液晶型とは原理がまったく異なります。液晶型は影絵の原理です。光り続ける発光パネルの前に液晶分子を置き、その方向を変えることで光をさえぎって画像を現します。それに対して有機EL型では有機分子そのものが光って画像を現します。有機分子が光る、というと奇異に思われるかもしれません。しかし、ホタルや夜光虫、発光キノコなど、光る生物はたくさんいますが、このような生物で実際に光っているのは有機分子なのです。また量子ドット型は液晶型のバックライトが改良されています。

本書では有機EL分子がなぜ光るのか？ および量子ドットとはどのようなものか？ という基礎的な問題から始めて、有機ELディスプレイなど各種のディスプレイの原理と構造をご紹介します。と同時にこれらのディスプレイを扱う業界の最新動向など、ディスプレイに関する事柄を幅広く、わかりやすくご紹介します。読者のみなさま方のご参考になれば大変にうれしく思います。

令和5年7月

齋藤　勝裕

よくわかる
最新ディスプレイの基本と仕組み

CONTENTS

第2章 有機ELの分子構造

第3章 有機ELディスプレイの作り方

第4章 液晶分子の性質と挙動

第5章 液晶ディスプレイの原理

第6章 量子ドットディスプレイ

第7章 ディスプレイ関連部材の種類と機能

第8章 ディスプレイ関連部材の市場と供給

最新ディスプレイの市場と変化

本書の冒頭ではまず、ここ数十年でディスプレイを取り巻く状況がどのように変わったのかを述べるとともに、ディスプレイの基礎知識として、その種類や技術進歩について解説します。あわせて、昔は日本のお家芸とまでいわれた家庭用テレビやパソコンのディスプレイの市場が現在どのようになっているかについても述べます。

0-1

ディスプレイの市場環境

本書の冒頭ではまず、ここ数十年でディスプレイを取り巻く状況がどのように変わったのかについて、簡潔にお話します。

つい30年ほど前、リビングや家族団らんの部屋に置かれるメインのテレビは奥行き30cmも40cmもある大きな箱型のもので、なかにはブラウン管と呼ばれる巨大で重い電球のようなものが入っていました。この巨大な重量物を1人で持ち運ぼうとは、当時は誰も考えませんでした。

それが今ではテレビの厚さは5cmもないような薄型です。その表示装置であるディスプレイの重量は比較にならないほど軽くなり、4〜7インチのものはスマートフォンに、8〜11インチのものはタブレットに、14インチ以上のものはノートパソコンに組み込まれるなどして、完全に携帯型になっています。

軽く薄くなったディスプレイ

新規製品

ディスプレイの技術は次々と新しいものが開発されています。30年以上前はブラウン管型が主体でしたが、テレビの薄型化とともに液晶型、プラズマ型に取って代わられました。そのプラズマ型も液晶型との価格競争に負けて姿を消しました。現在は、その後勝者となった液晶型を追い抜こうと有機EL型がじわじわと追い上げている状況です（次ページ参照）。

このほかディスプレイの技術には、特殊用途のものがいくつもあります。これらの技術のなかには多用された結果、改良を重ねてさらによくなるものもあれば、いつのまにか消えてしまう技術もあります。

市場は新技術の品評会場のようになっています。しかし、生き残るか消えるかは市場次第であり、市場動向から目を離すわけにはいきません。

高性能製品

市場は常に性能のよいものを求めています。性能のよいものとそうでないものが並んだ場合、市場の対応はシビアです。そして、一度市場に登場したものは早晩飽きられる運命にあります。

どんなによい製品を出したとしても、次の日からさらによいものを作り出さなければならないのが工業技術の運命です。

低価格製品

新規で性能がよければ売れる、というほど市場は単純ではありません。同じ性能ならば安価で、デザインの優れた製品のほうがよく売れるに決まっています。

デザインには消費者の好みという逃げ道がありますが、価格にそのようなことはありません。特に現代では海外から目を疑うほど安い価格をつけた製品が入ってきます。

価格競争をするならば1円でも安い製品を作らなければなりませんし、性能競争をするならば、優れていることが消費者に直接的に響く製品を作らなければなりません。

家庭用テレビで見るディスプレイの変遷<ソニーの場合>

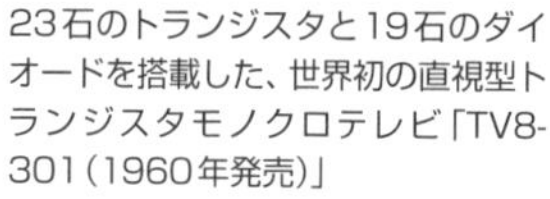

23石のトランジスタと19石のダイオードを搭載した、世界初の直視型トランジスタモノクロテレビ「TV8-301（1960年発売）」

ソニー独自のトリニトロンブラウン管を搭載したカラーテレビ「KV-1310（1968年発売）」。昭和40年ごろのテレビは、ダイヤルがつまみ式だった

ビデオデッキの登場とともに、モニターとしての役割も担うようになってきた。写真はビデオ、文字多重放送など多彩なAV出力に対応した「KX-27HF1（1980年発売）」で、TVチューナーやステレオアンプなどを追加できた

1990年にはハイビジョン対応のテレビが続々と登場。写真は36インチのHDトリニトロン「KW-3600HD（1990年発売）」

カラー液晶の登場とともに、テレビもブラウン管から液晶へと移行。写真は液晶WEGAの初代モデル「KLV-17HR1（2002年発売）」

ソニーが世界に先駆けて発売した有機ELテレビ「XEL-1（2007年発売）」

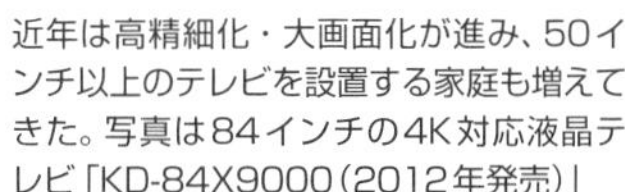

近年は高精細化・大画面化が進み、50インチ以上のテレビを設置する家庭も増えてきた。写真は84インチの4K対応液晶テレビ「KD-84X9000（2012年発売）」

高精細化・大画面化とともに、軽量化も進行。液晶および有機ELテレビの普及で、省スペースを活かした設置もさらに増えてくるだろう。写真は4K対応の65インチ有機ELテレビ「XRJ-65A80L（2023年発売）」

写真提供：ソニー株式会社

0-2

ディスプレイの種類と分類

ディスプレイといっても、液晶型と有機EL型で、さまざまな種類があります。少し前まではプラズマ型もありました。ここでその種類を整理しておきましょう。

まったく異なる原理とまったく異なる部材で作られていながら、製品になるとまったく同じ性能というものがあります。ディスプレイで見ると、液晶型、有機EL型です。この2種の駆動原理はまったく異なります。しかし、家電量販店に並んだ製品は、2種ともほとんど同じです。同じものを作るのにまったく異なる2種の技術を開発改良するのはもったいないようにも思いますが、工業製品にはこのようなことが時に起こります。

くわしいことは本文を読んでいただくことにして、予備知識として簡単な説明をしておきましょう。

ディスプレイの分類

右の図は現在出回っているディスプレイのおもなものです。大きくCRT（ブラウン管型）とFPD（薄型）に分けることができます。そしてFPDにLCD（液晶型）、EL（有機EL型）があることになります。

液晶型は素子の点灯方法の違いによってパッシブ型とアクティブ型に分けられます。また、ELには最近よく耳にする、有機物の発光体を使ったOLED（有機EL）と無機物の発光体LEDを使った無機ELがあります。

原理の違い

液晶型は簡単にいうと影絵です。終始光り続けている発光パネルの前で液晶分子が動き、その影が絵を作ります。したがって色はカラーフィルターを使ってつけます。

プラズマ型は微小な蛍光灯を何百万個も並べたものです。これも発光体が出す色は無色です。色はカラーフィルターで出します。

有機ELはLEDランプの光源に相当するものが有機物でできています。この有機物に通電すると有機物が発光します。光の三原色、赤、緑、青色の光を出す有機物がそろっているので、カラーフィルターは必要ありません。原理的にもっとも薄型にできるのは有機ELであり、また軽量で柔軟性のあるディスプレイが可能など、いろいろな可能性を秘めた方式ということができるでしょう。

ディスプレイの分類

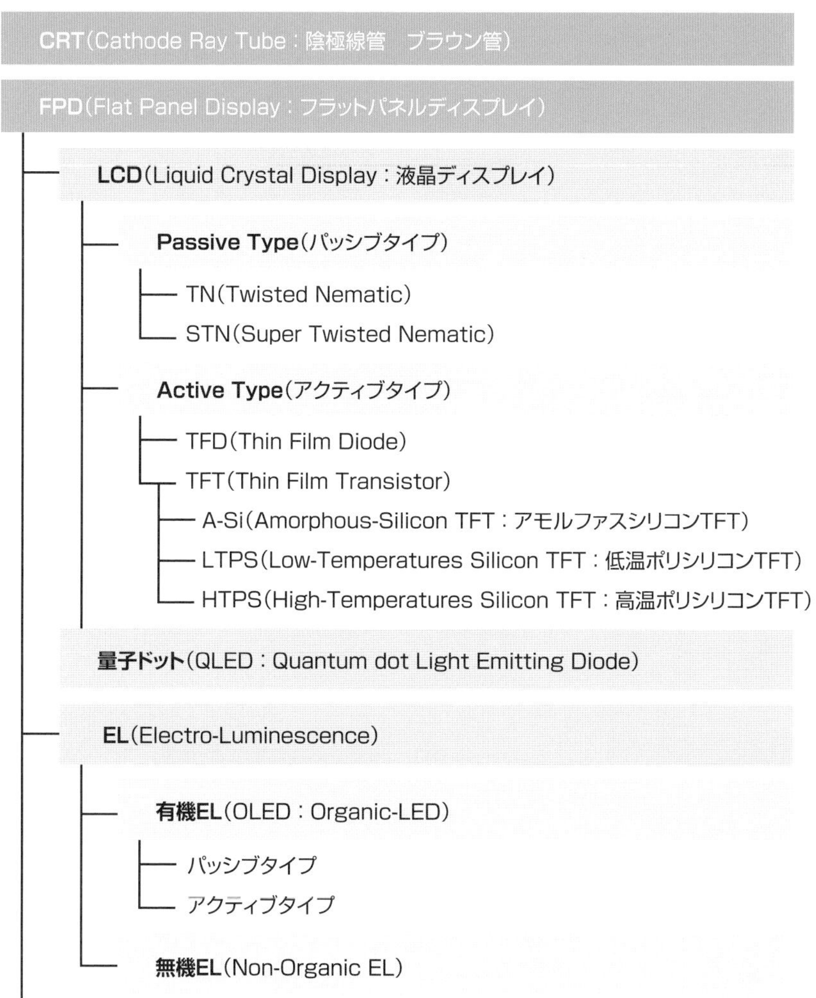

読み方

エルシーディー

部品 / 製品としての呼称

液晶パネル
液晶ディスプレイ
液晶テレビ

ワンポイント解説

・もっとも普及しており、製造コスト・製品価格ともに安い
・長期間の使用に耐え、劣化にも強い
・駆動方式の特性を知り、使用目的に応じた製品選びをする必要がある
　例：ゲーム目的なら応答速度が速い TN 方式を選ぶ など

パネルの駆動方式と簡易比較表

	TN 方式	VA 方式	IPS 方式
視野角 (狭い△→広い◎)	△	○	◎
応答速度 (遅い△→速い◎)	◎	△	△
リフレッシュレート (低い△→高い◎)	◎	△	○
コントラスト比 (低い△→高い◎)	○	◎	△
消費電力 (多い△→少ない◎)	△	○	○
価格 (高い△→安い◎)	◎	○	△

・TN（Twisted Nematic）方式
・VA（Vertical Alignment）方式
・IPS（In Plane Switching）方式
　・AH-IPS（Advanced High Performance IPS）方式
　・ADS（Advanced super Dimension Switch）方式

読み方

ミニエルイーディー

部品／製品としての呼称

ミニLEDディスプレイ
ミニLEDテレビ

ワンポイント解説

- Mini LED は一辺が 100 ～ 200 μ m 程度の LED のこと
- Mini LED をバックライトに使用することで、明るさとコントラスト比（黒の再現性）を高められる
- 小型化と薄型化がさらに進むと期待されている
- 大量の LED が必要になるため、製品価格が高くなる

読み方

マイクロ
エルイーディー

部品／製品としての呼称

マイクロLEDディスプレイ
マイクロLEDテレビ

ワンポイント解説

- Micro LED は一辺が 100 μ m 以下の LED のこと
- LED の 1 つひとつが画素として発光するため、色の再現性が高い
- Mini LED 以上に小型化と薄型化がさらに進むと期待されている
- LED や Mini LED では不可能だった曲げられる製品の実用化も期待できる
- Mini LED 以上に大量の LED が必要になるため、製品価格がさらに高くなる

読み方

オーエルイーディー
または
オーレッド

部品／製品としての呼称

有機ELパネル
有機ELディスプレイ
有機ELテレビ

ワンポイント解説

・コントラスト比が高いため白と黒の明暗がはっきりとし、映像やゲームなどを高画質で楽しめる
・視野角が広く、どの角度からも映像が楽しめる
・有機 EL 素子がみずから発光するためバックライトが不要で、消費電力が少なくてすみ、さらなる薄型化＆軽量化が可能
・通常の LED では不可能だった曲げられるパネルの製造も可能
・万能だが、液晶と比べるとまだ少し価格が高い

LED 各方式と有機 EL の簡易比較表

	TN 方式	VA 方式	IPS 方式	有機 EL
視野角 (狭い△→広い◎)	△	○	◎	◎
応答速度 (遅い△→速い◎)	◎	△	△	◎
リフレッシュレート (低い△→高い◎)	◎	△	○	◎
コントラスト比 (低い△→高い◎)	○	◎	△	◎
消費電力 (多い△→少ない◎)	△	○	○	◎
価格 (高い△→安い◎)	◎	○	△	△

読み方

キューオーエルイーディー

部品／製品としての呼称

量子ドット有機ELパネル
量子ドット有機ELディスプレイ
量子ドット有機ELテレビ

ワンポイント解説

・従来の有機ELに量子ドット技術をプラスしたもの
・量子ドット技術により粒子のサイズが調整可能となり、赤・緑・青の光の三原色を効率よく取り出すことで、色再現性に優れた製品を作り出すことができる
・有機ELより視野角がさらに広がり、応答性能の向上も期待できる

読み方

キューエルイーディー
または
キューレッド

部品／製品としての呼称

量子ドット液晶パネル
量子ドット液晶ディスプレイ
量子ドット液晶テレビ

ワンポイント解説

・従来のLEDに量子ドット技術をプラスしたもので、Mini LEDと組み合わせた製品も登場している
・Mini LEDとの組み合わせで、さらに色再現性に優れた製品を作り出すことができる

パネルの駆動方式

・VA（Vertical Alignment）方式
・IPS（In Plane Switching）方式

0-3

高精細度ディスプレイへの挑戦

ディスプレイの技術進歩は、ハイビジョンや4K・8Kといった高精細度化を推し進めました。ここではその違いについて簡単に解説します。

ディスプレイに要求される機能はいろいろありますが、もっとも基本的な性能はクッキリと美しい、つまり高精細度と鮮明な色彩ということでしょう。現在話題となっている4K、8Kテレビがまさしくこれに相当するものです。

4K、8Kテレビ

現在の普通のテレビはフルハイビジョンといわれるもので、名前からいったら大変な高解像度を誇るようですが、4K、8Kはこれ以上の高解像度を誇るタイプです。

4K、8Kは4キロ、8キロのことでテレビ画面の画素のうち横に並ぶ画素の個数をいいます。フルハイビジョンは2Kに相当するのであり、その画素数は横が1920（約2000）、縦が1080で、全画素数は1920×1080＝2,073,600、約200万画素となります。

それに対して4Kでは横が3840、縦が2160と、縦、横とも2Kの2倍になりますから、画素数は800万画素と4倍になります。8Kでは横7680、縦4320、画素数3300万と、約16倍になります。

画面

画素数が多くなればそれだけ画面が鮮明になるのは当然です。右の図は解像度の差をイメージしたものです。テレビを遠くから見るときには、違いはそれほど鮮明ではありませんが、近づいて見ると大きな違いがあります。この違いはテレビの画面が大きくなるとよりはっきりと出ることになります。

ディスプレイは家庭のテレビやパソコンだけではありません。現在では手術も精密なものは肉眼ではなく、カメラで写したものを拡大したディスプレイを見て行います。また遠隔手術にも導入されます。ディスプレイの高精細度に対する要求は今後も増大し続けることでしょう。

ディスプレイの高精細度の違い

フルハイビジョン（2K）

水平1920×垂直1080（画素）
＝2,073,600（画素）

4K

水平3840×垂直2160（画素）
＝8,294,400（画素）

8K

水平7680×垂直4320（画素）
＝33,177,600（画素）

0-4

新規ディスプレイ技術の開発

市場には次々と新製品が投入されますが、そのなかには新原理にもとづくタイプと、改良にもとづくタイプがあります。そのあたりについて述べましょう。

ディスプレイの技術開発は日進月歩の勢いで進行しています。次々に新しいタイプが登場します。そのなかには原理的にまったく新しいものもありますが、旧来の技術を改良したものもあります。

新原理にもとづくタイプ

今ではブラウン管テレビやプラズマ型テレビは、新品を扱う家電量販店では見ることはありません。ディスプレイの市場は劇的に変化しました。これほどの変化が必要かどうかはともかくとして、ディスプレイ市場は日に日に変化しています。

テレビの国内出荷実績推移

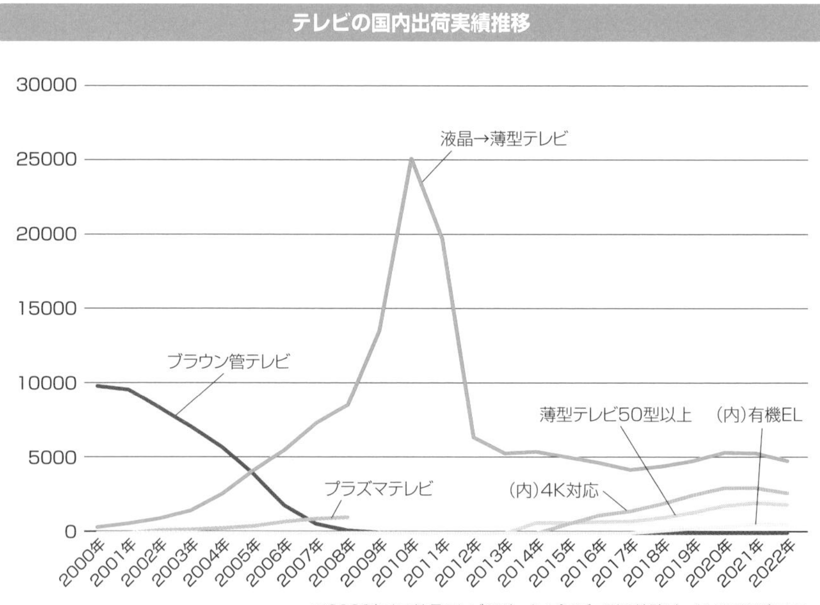

※2008年まで液晶テレビのデータ。プラズマ型の統計データは2008年まで

出典：JEITA（電子情報技術産業協会）公表の資料をもとに著者作成

液晶とプラズマが市場争いをしていたかと思うとプラズマは姿を消し、有機ELが代わって登場してきました。有機ELを使った**透明テレビ**や**巻き上げ式テレビ**も発売され、そのうち球面テレビなどが現れるかもしれません。屋外に設置する超大型ディスプレイ用にはまた異なったタイプの技術が開発されています。開発に携わる技術者は息つく間もないのではないでしょうか？

改良にもとづくタイプ

家電量販店をのぞくと家庭用テレビは、4K、8Kの時代に入っているようです。これは画面の精細度にもとづく分類で、原理的に新しいディスプレイというわけではありません。しかし、これからテレビを買い替えようと思う人は、液晶と有機ELの選択のほかに、従来型か4K、8Kかという選択も迫られることになります。

ディスプレイは種類、形式がたくさんあるだけではありません。価格も多様です。外国の製品のなかにはエッ？ と思うような低価格品もあります。低価格といっても、性能がそれに応じて劣るということはないようです。

家電量販店のテレビ売り場

撮影：ビックカメラ

0-5

日本と世界のメーカー競合

少し前まで、家庭用テレビの市場は日本の企業が大半を握っていました。しかし今日ではどうでしょう？　ここでは日本と世界の市場についてお話しします。

液晶が発見されたのはオーストリアで、1888年のことといわれます。それがアメリカに渡ってアメリカの多国籍企業RCA（アールシーエー）の研究所が液晶ディスプレイを発明したのが1968年です。発見から80年も経ってからのことでした。

RCAの研究所で発明された液晶ディスプレイ

出典：RCA

日本の活躍

しかし、実際に液晶ディスプレイを当時の電卓（電気卓上計算機）に組み込んで商品として市場に投入したのは日本のシャープでした。1973年、液晶ディスプレイが発明されたわずか5年後です。その後、動画のためのTFT（薄膜トランジスタ）液晶を使った3インチ程度の携帯テレビ、さらに14インチの液晶テレビと、液晶を事業化、産業化して現在のような液晶ディスプレイの全盛期をもたらしたのは日本のメーカーだったのです。

世界初の液晶ディスプレイ搭載商品

出典：シャープHP

アジア勢の台頭

ところがこのような日本の独壇場は20年ほどしか続きませんでした。1996年ごろから韓国、1999年ごろから台湾が参入すると、数年のうちに日本は生産量で追い抜かれてしまったのです。なぜこのようなことになったのかの原因は多くのアナリストが解析しているとおりなのでしょう。

問題は、このようなことが続けて起こっては困るということです。有機ELの研究は日本が世界の最先端を進んでいました。しかし商品化は大きく遅れました。有機ELの基礎研究は終わり、これからは有機ELディスプレイの普及とさらなる進化・改良の時期に入るでしょう。このような時期に、日本は液晶における韓国、台湾、中国のように動けるのでしょうか？

部材市場

メーカーは性能面での競争だけではなく、価格面での競争も強いられているようです。なかなか大変でしょう。テレビやパソコンのディスプレイは、液晶パネルや有機ELパネルを購入し、それにさまざまな部材を組み合わせて作り上げられます。こうした企業は近年の低価格化の波に押されて大変なようですが、ディスプレイを構成する部材を作る企業は軒並み好調な業績を上げているようです。

透明テレビや巻き上げ式テレビはともかく、部材を買ってきてごくオーソドックスなディスプレイを組み立てるのにたいしたノウハウはいりませんが、部材を作るには、長年つちかった技術と、それを維持、改良する頭脳集団が必要というのが原因のようです。

パネルおよびディスプレイ市場が今後どのように発展、拡大、再編成されるのか予断を許さない状態が続くため、経営者の判断はますます大切になりそうです。

ディスプレイのデザイン

ディスプレイの技術はブラウン管から液晶、プラズマ、さらには有機ELと大きく変化しました。それと同時に大きく変化したのがディスプレイのデザインです。

ブラウン管方式のころは、ブラウン管の大きさが原因となって、テレビは一辺が40～50cmもあるような直方体でした。それがプラスチックの容器にコンパクトに収められていました。

そのころ、アメリカの家庭を訪問して驚いたのはテレビのデザインでした。高さ1mもある重厚な家具のような作りでした。それがその家の家具のデザインとマッチして落ち着いた雰囲気を醸し出していたのです。日本のテレビの安っぽい作りを見慣れていた目には新鮮に映りました。

家電量販店に行くと、軒並み薄型ということで、品種は多いのですが、デザインは画一としかいいようのない製品が並んでいます。消費者としては、液晶、有機EL、4K、8Kうんぬんのほかに、デザインでの選択の余地もほしいように思います。

第1章

有機ELの発光の原理

まずはスマートフォンを中心に、大きくシェアを伸ばしている有機ELパネルの発光の原理について解説していきます。有機とはなにを指し、有機ELがなぜ光るのかを理解することが、この章の目的です。原子の反応とエネルギーの関係、エネルギーと発光の関係、有機ELの光る原理などについて、1つひとつ理解していきましょう。

1-1

有機ELとはなにか？

有機ELディスプレイやパネルの有機とは、なにを指すのでしょうか？　まずここでは有機および有機物について解説します。

有機ELとはなんでしょう？　有機ELの有機は**有機化合物**のことを指します。有機化合物は簡単に**有機物**ということもあります。有機物は、生命体のみが作る化合物のことをいいました。つまり、タンパク質やデンプンや尿素などです。しかし化学が発達するとこれらの化合物も化学的に合成できることが明らかになりました。

そこで現在では、有機物は炭素原子Cを含む分子で、一酸化炭素COや二酸化炭素CO_2のように簡単な分子を除いたもの、とされています。またダイヤモンドやグラファイトのように炭素だけでできた分子は、普通は**無機化合物**として分類されます。

無機化合物に分類されるもの

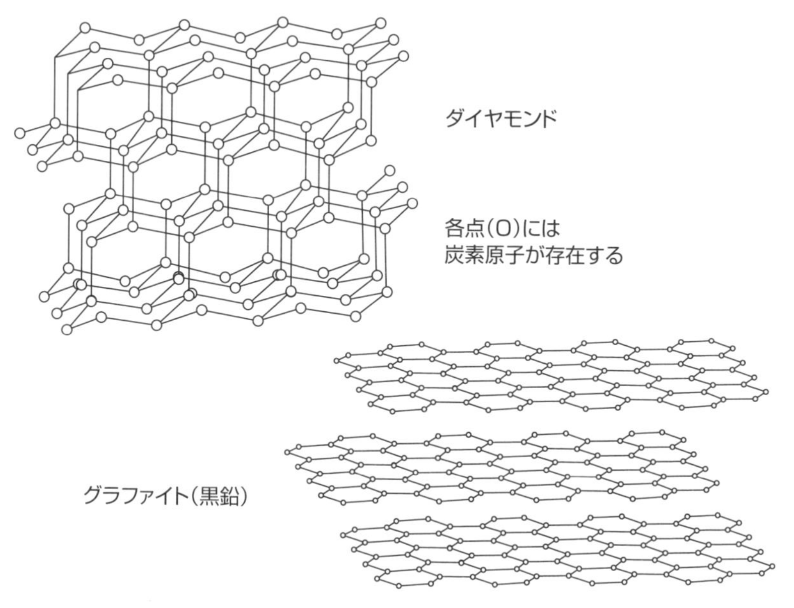

有機物と発光

ELのEはElectric（電気）であり、LはLuminescence（発光）を意味します。つまり有機ELというのは電気で発光する有機物という意味なのです。

有機物が発光、光を出すなどというと不思議に思われるかもしれません。しかし、決してそのようなことはありません。たとえば典型的な有機物である木材を燃やすとしましょう。熱が出ると同時に炎が出て辺りは明るくなります。つまり炎は熱だけでなく光をも出しているのです。

炎は木材から発生した気体の有機物が燃えたものです。これからもわかるとおり、有機物は燃焼（酸化反応）によって光を出すのです。ホタルが光るのも、キノコが光るのも、ノーベル賞の研究対象になったオワンクラゲのような生物が光るのもすべては有機物が光っているのです。

生物の発光は有機化学反応特有の複雑さをもっています。有機ELはそのような有機物の発光を、簡単な電気エネルギーの受容による反応で行おうというものなのです。

燃焼によって光を出す有機物

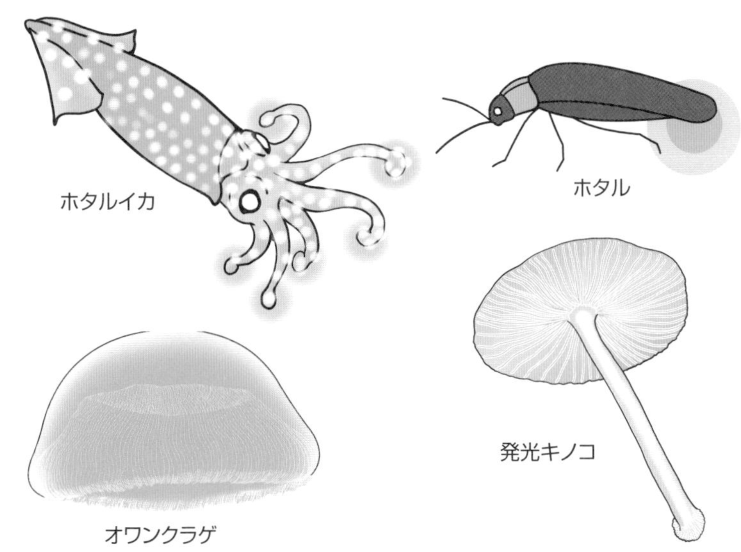

光は電磁波

発光を見る前に、光とはなにか？ ということを見ておきましょう。光は**電磁波**の一種です。つまり電波の一種であり、横波ですから振動数ν（ニュー）と波長λ（ラムダ）をもっています。光の速度、光速cは波長と振動数の積で表されます。

$$c = \lambda \nu$$

電磁波はエネルギーEをもっていますが、それは振動数に比例し、波長に反比例することが知られています。hは**プランクの定数**と呼ばれる数値です。

$$E = h\nu = ch/\lambda$$

つまり、波長の短い電磁波は高エネルギーであり、波長の長い電磁波は低エネルギーなのです。電磁波には波長が何百メートルという長いものから、1mの10億分の1というような短いものまでいろいろあります。

光の波長は400nmから800nmです。nmはナノメートルと呼び、1nmは

光と電磁波

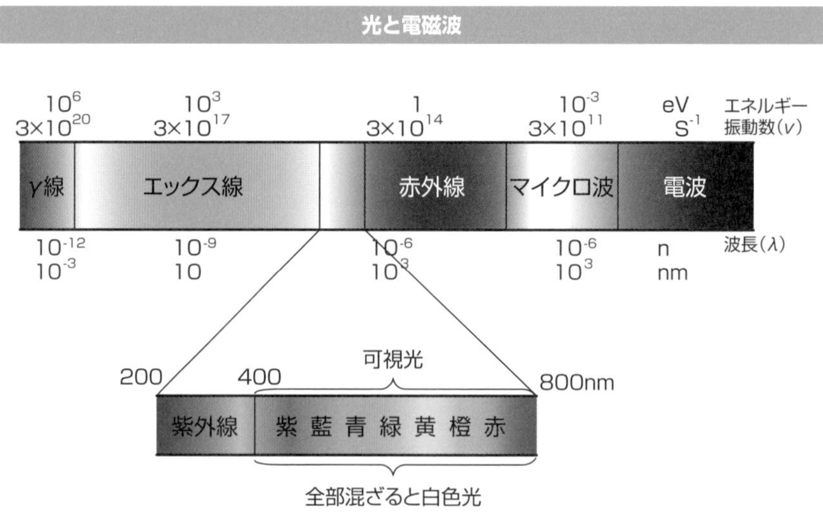

10^{-9}m、つまり、1mの10億分の1の長さです。つまり、人間がもっている光のセンサー、すなわち“目”は波長400〜800nmの電磁波にだけ感知するようにできているのです。

光の色彩

光は波長によって色が異なります。その様子を図に示しました。電磁波は波長が長いと**電波**と呼ばれ、800nmよりちょっと長いものは**赤外線**と呼ばれます。そして400〜800nmのものが光と呼ばれ、さらに短くなると**紫外線**や**X線**と呼ばれます。

人間は赤外線、紫外線などを目で見ることはできません。しかし赤外線は皮膚で熱として感知することができ、紫外線も皮膚が日焼けとして感知します。

光は波長によって異なる色をもちます。日本人はそれを**虹の七色**と呼び、七色の色と認識しています。図に示したように、波長の長い光は赤、短い光は紫に見えます。太陽の光は色がないので**白色光**と呼ばれますが、それをプリズムで分けると虹の七色に分離します。そしてこの七色の光を混ぜるともとの白色光になります。

光の波長と色彩

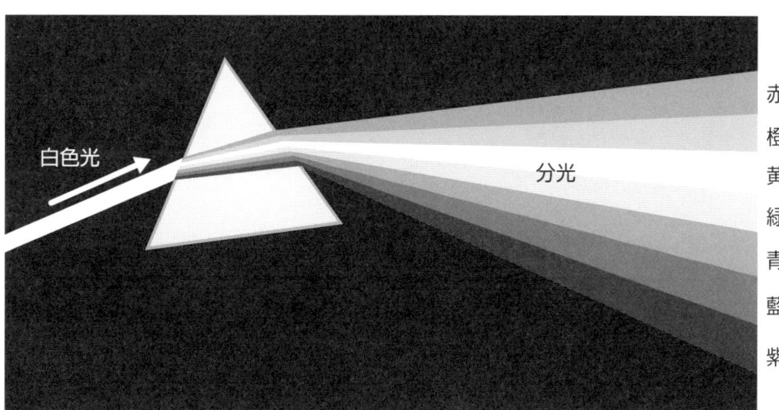

波長が長いもの（赤）ほど屈折率が小さく曲がりにくい
波長が短いもの（紫）ほど屈折率が大きく曲がりやすい

光の三原色

虹の７色の光を混ぜると白色光になるといいましたが、実は７色もの光を混ぜなくても、３色の光を混ぜるだけで白色光となります。この３色の光を**光の三原色**といいます。それは赤、青、緑の３色です。

光の場合には、多くの色を重ねれば重ねるほど明度が高くなる、つまり明るくなるので**加法混合**（かほうこんごう）といいます。

３色全部でなく、２色を混ぜると固有の色となります。その様子を図に示しました。また、三原色を適当な割合で混ぜると固有の色が発色します。このことから、三原色さえあれば、どのような色の光でも自由に作り出すことができます。現在のカラーテレビなど、カラーモニターはすべてこの原理を用いてカラー表示を行っています。

光の三原色

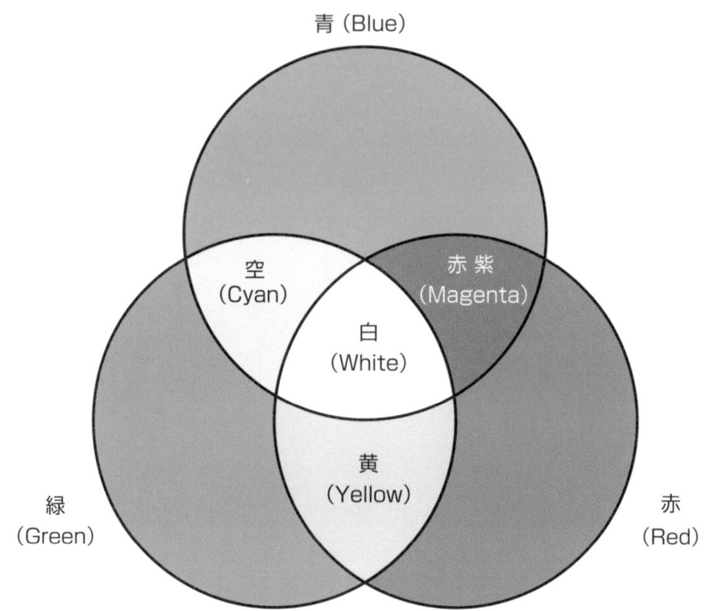

有機化合物

「有機EL」の「有機」は「有機物」の有機です。気になる方は気になるかもしれませんが、「有機物」「有機化合物」「有機分子」、細かいことをいえば多少の違いはありますが、ここではまったく同じものと思っていただいて問題ありません。

ところで、有機物とはなんでしょう？

有機物は英語でorganic compoundsです。ここでorganというのは器官、臓器を指します。つまり有機物というのは、タンパク質、糖類、尿素など、生命体に関係する物質、生命体だけが作ることのできる物質を指したのです。

ところが、化学が発達すると尿素はもちろん、タンパク質も糖類もすべて実験室で人工的に作ることができることがわかりました。ということで、現在の有機物の定義は「炭素を含む分子で、一酸化炭素COやシアン化水素HCNなどのように簡単な構造の化合物を除くもの」とされています。

複雑な構造の分子でも、ダイヤモンドやC_{60}フラーレンのように炭素だけでできた分子は一般に無機物として扱われますが、有機物との関連で登場するときには有機物として扱われることもあります。要は、有機物、無機物の分類などのような細かいことに気を使うのはやめましょう、ということです。本当に気を使わなければならないことはたくさんあります。

天然ダイヤモンドの結晶（出典：Wiki）

C_{60}の結晶（出典：Wiki）

1-2

エネルギーとはなにか？

1-1で光はエネルギーをもつといいましたが、そもそもエネルギーとはなんでしょうか？　ここではエネルギーと熱について解説します。

前項で光は**エネルギー**をもつといいました。エネルギーってなんでしょう？　エネルギーという言葉はよく使いますが、あらためて「エネルギーってなんだろう」と考えると、途端にわからなくなります。それは、私たちはエネルギーを直接見たり、聞いたり、触れたりなどの体験をすることがないからといえるでしょう。エネルギーの語源はギリシア語のエネルゲイアであり、それは「力」、あるいは「仕事の源」というような意味です。

私たちはこの「力」をいろいろな形で感じ、利用しています。風力、水力、電力、原子力といえば、「ああなるほど」と思われるでしょう。熱も蒸気機関として大きな仕事をすることができるので重要なエネルギーです。

位置エネルギーと仕事

屋根から飛び下りるとなぜ脚の骨を折るのでしょう？

屋根から飛び下りるとよほど身の軽い人でないと、脚をくじいたり、ひどい場合には脚の骨を折ってしまいます。

なぜでしょうか？　それは**位置エネルギー**のせいです。地球上では重力が働いています。この重力にもとづくエネルギーを位置エネルギーといいます。位置エネルギーの大きさは地上からの高さに比例します。ですから、地面と屋根を比べたら、高い屋根のほうが大きな位置エネルギーをもっています。

屋根の位置エネルギーを⊿Eとしましょう。したがって屋根の上に立っている人は⊿Eのエネルギーをもっていることになります。それに対して地面に立っている人のエネルギーは0です。

屋根の上の人が地上に飛び下りると、この人の位置エネルギーは⊿Eから0に変化します。ということは両状態のエネルギー差⊿Eが外部に放出されることになり、このエネルギーが脚の骨を折るという**仕事**をしたことになるのです。

エネルギーと反応

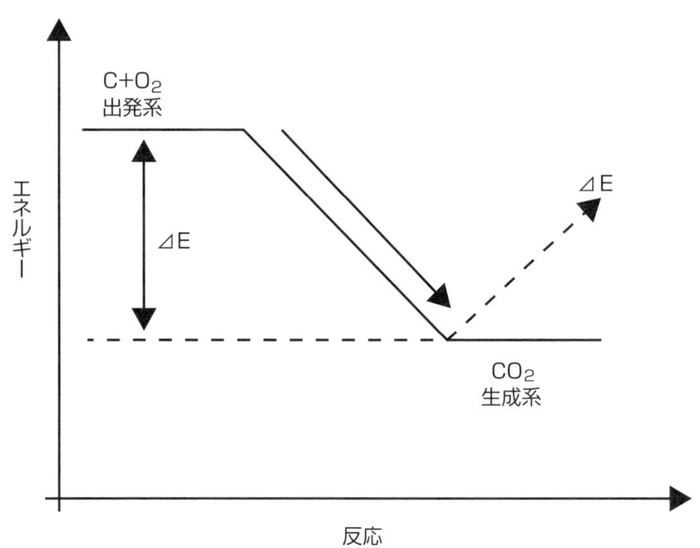

炭を燃やすとなぜ熱くなるのでしょう？

炭を燃やすと熱くなります。熱くなるということは、燃えている炭が熱というエネルギーを放出しているからです。なぜ、燃えている炭は熱を放出するのでしょう？

炭は炭素Cの塊です。炭が燃えるというのは炭素が酸素O_2と化学反応して二酸化炭素CO_2になるということです。

エネルギーと熱

$$\underbrace{C + O_2}_{\text{出発系}} \rightarrow \underbrace{CO_2}_{\text{生成系}}$$

すべての原子や分子は固有の大きさのエネルギーをもっています。CもO_2もCO_2ももっています。上の反応式で矢印の左側の物質を**出発系**、右側の物質を**生成系**といいます。上の反応式の両系のエネルギーを比較すると出発系のほうが大きい、つまり高エネルギーなのです。

したがって出発系が生成系に変化すると両系のエネルギー差⊿Eが外部に放出されます。このエネルギーが熱として観測されたのです。

1-3

ネオンサインはなぜ光るのか？

ここでは原子が光る理由について、エネルギーの状態と絡めながら解説します。

公園を照らす青白い光を出す水銀灯の中には液体金属である水銀Hgが入っています。赤いネオンサインの中にはネオンNeの気体が入っています。水銀もネオンも**原子**です。なぜ原子が光るのでしょう？

水銀灯やネオンサインが光る原理

水銀灯に電気を通すと、水銀原子が電気エネルギーΔE_{Hg}をもらって**高エネルギー状態（励起状態）**になります。この状態は不安定なので、水銀はもらったエネルギーを放出して、**元の状態（基底状態）**に戻ろうとします。このとき、余分になったΔE_{Hg}を放出します。このエネルギーが青白い光として観察されたのです。

ネオンサインが光るのもまったく同じ原理です。ネオン原子がΔE_{Ne}を吸収して励起状態になり、それが基底状態に戻るときにΔE_{Ne}を赤い光として放出したのです。

ネオンサインが光るワケ

水銀灯とネオンサインで光の色が違う理由

それでは、水銀灯の光が青白く、ネオンサインの光が赤いのはなぜでしょうか？それは両原子が放出する光の波長が違うからです。水銀とネオンで、励起状態と基底状態のエネルギー差⊿Eを比較すると水銀のエネルギー差のほうが大きくなっています。つまり$⊿E_{Ne} < ⊿E_{Hg}$なのです。

先に見たように、光の波長は高エネルギーだと短く、低エネルギーだと長くなります。前項の図からわかるように、短い波長の光は青色であり、長い波長の光は赤色です。そのため、エネルギー差の大きい水銀の光は青白くなり、エネルギー差の小さいネオンサインの光は赤くなったのです。

水銀灯とネオンサインの光の色

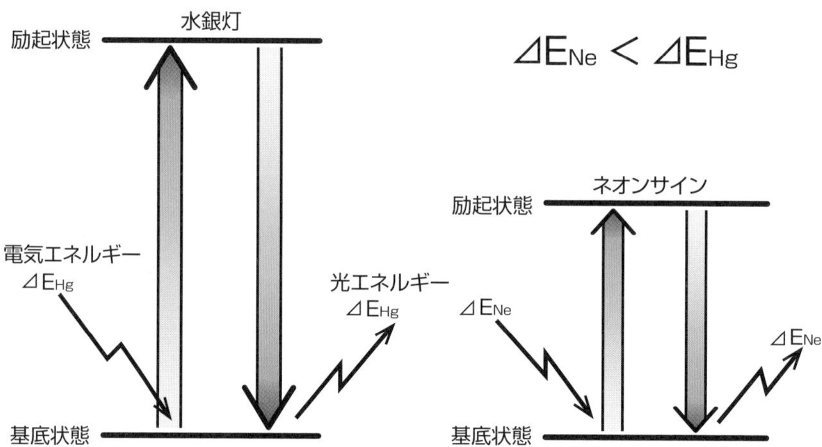

1-4

蛍光灯はなぜ光るのか？

水銀灯やネオンサインに続き、ここでは蛍光灯が光る理由について解説します。

蛍光灯は水銀灯の一種であり、ガラス管の中には液体の水銀Hgが入っています。点灯しなくなった水銀灯は壊さずに、回収するシステムになっているのは、壊すことで有害な水銀が外部に漏出して環境汚染を起こさないようにするためです。

蛍光灯の構造

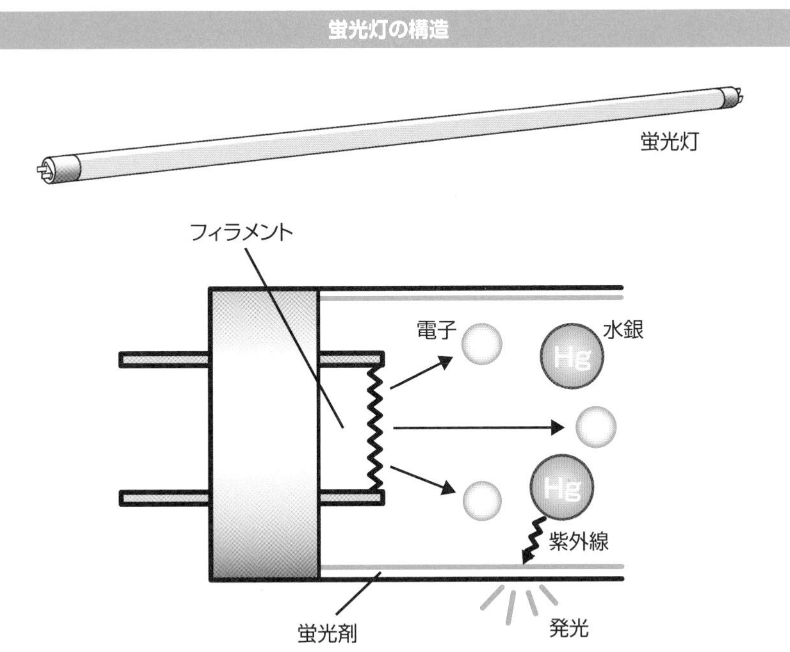

蛍光灯の光が青白くない理由

つまり、蛍光灯が発光するのは、水銀灯と同じ原理で、水銀原子が電気エネルギーで励起状態になり、それがもとの基底状態に戻るときに一度吸収した電気エネルギーを光エネルギーに変えて発光しているからです。

しかし、蛍光灯の光は水銀灯の光と違って青白くはありません。昼光色という名前で呼ばれる、太陽光と同じ白色光に近い色です。同じ水銀原子が発光しているのに、水銀灯は青白く、蛍光灯は白色なのはなぜでしょうか？

蛍光灯の発光原理

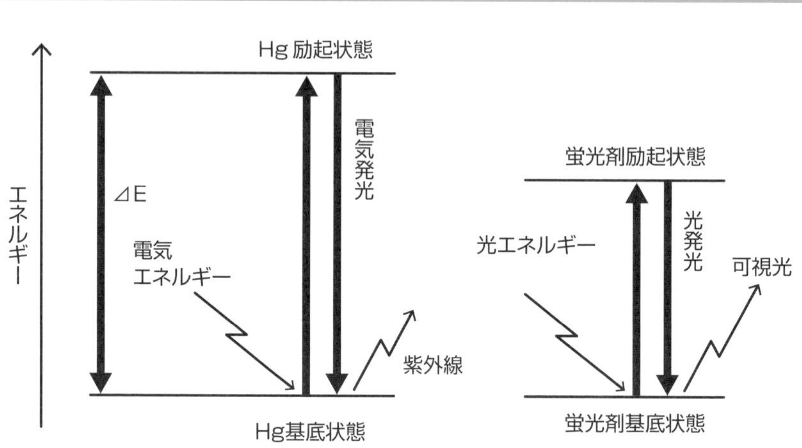

蛍光剤

それは水銀灯のガラス管の内側に、**蛍光剤**と呼ばれる特殊な物質が塗られているからです。蛍光剤というのは、一度光を吸収したあと、その光をまた放出する物質のことをいいます。腕時計の文字盤の文字に蛍光剤が塗ってあるものがありますが、あれと同じ原理です。

腕時計の蛍光剤は、吸収した光をゆっくりと長時間かかって放出しますが、蛍光灯の蛍光剤は吸収した光をただちに放出します。吸収した光が放出されるのなら、入った光と出た光は同じではないか？ と思うかもしれませんが、そうではありません。すべての変化にはエネルギーロスがついて回ります。

吸収された光のエネルギーの一部は熱エネルギーなどとして消費されます。したがって、蛍光剤から出てきた光は、蛍光剤に入った光、つまり水銀が発光した光より低エネルギーになっているのです。蛍光剤が発光する光は、蛍光剤が吸収した光より長い波長になっているのです。これが蛍光灯の光が青白くない理由です。水銀灯から出た光を蛍光剤に通すことによってエネルギーを小さくし、波長を長くしているのです。

1-5 有機ELはなぜ光るのか？

ここまでで原子の反応とエネルギーの関係、エネルギーと発光の関係は理解できたと思います。では、有機ELがなぜ光るのか？ を突き詰めていきましょう。

ここまでに、原子の反応とエネルギーの関係、エネルギーと発光の関係について見てきました。原子に電気を通す、すなわち原子に電気エネルギーを与えると発光するという現象は不思議に思えるかもしれませんが、決して不思議な現象ではなく、化学現象をエネルギー現象としてみればきわめて自然な現象であるということが理解いただけたと思います。

蛍光灯の蛍光剤はなんなのでしょう？

それでは本書の「有機EL」に立ち返って、「有機ELはなぜ光るのか？」の問題について考えてみましょう。

前項までに見たのは原子の発光現象でした。原子が発光するのなら、原子からできている分子が発光するのも当然でしょう。そのように納得していただければ簡単で結構なのですが、それでは納得がいかない、という方もおられるでしょう。

そこで、分子が発光する例を見てみましょう。簡単な例は前項の蛍光灯で見た蛍光剤です。これは蛍光灯の長い歴史を通じて常に改革、改良を繰り返してきましたが、現在の蛍光剤はイットリウムY、セリウムCe、ガドリニウムGaなどのレアアース金属を主体とした無機物がおもなものとなっています。

有機物で発光するものはないのでしょうか？

無機物だけでなく、有機物で発光するものもたくさんあります。もっとも身近なものは洗濯で使う蛍光剤でしょう。現在の洗剤のおもなものは蛍光剤入りとなっています。これは、衣服が汚れて黄ばんだものをいかにして白く見せるか、という切実な要望から開発されました。

昔は洗剤に青い染料を混ぜていました。これは汚れた衣服の黄色いクスミをカバーして「白っぽく」見せますが、決して衣服が白くなったわけではありません。黄色は隠れますが、その分青が加味されて、むしろ全体に暗くなってしまいます。そのようなときに発見されたのが西洋トチノキから見つかった**エスクリン**という物質でした。

これは図に見るように、水素H、酸素Oだけからできた正真正銘の有機物です。ところが、この物質は蛍光灯の蛍光剤と同じように、太陽光の中の紫外線を吸収すると、それよりちょっと波長の長い青白い光を発するのです。

この青白い発光によって衣服の黄色は消されてしまいました。現在、私たちが「輝くような」白いシャツを着ていられるのはこの有機物の蛍光剤のおかげなのです。

発光する有機物

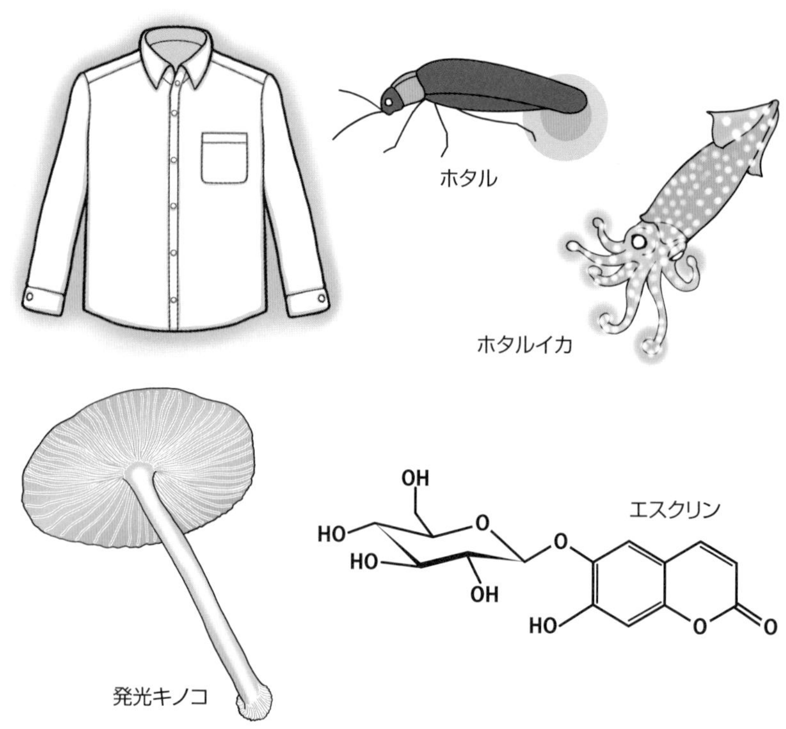

冷光というのはなんでしょう？

総じて光は熱いものから出ます。太陽はその代表です。炭火も熱いですし白熱電灯も熱いです、蛍光灯も白熱電灯ほどではないとしてもやはり熱いです。最先端の照明器具といわれるLEDだって、熱が出ます。

ところが、まったく熱を出さない発光体があります。それは**生物発光**です。生物のなかには光を出すものがたくさんいます。ホタル、夜光虫、多くの深海魚、発光キノコ、これらの生物発光は熱を出しません。このような、発熱をともなわない発光を特に**冷光**といいます。

冷光は生物が発光するものですから、発光体は有機物です。つまり、有機物が発光するのは決して珍しい現象ではないのです。自然界ではあたり前の現象なのです。しかもその発光には、人間が開発、あるいはなじんできた発光現象のような発熱をともないません。

有機ELはなぜ光るのでしょう？

本書を初めて開かれたときには、木材やプラスチックのような有機物が光るとはどういうことか？ と思われたのではないでしょうか？　しかし、本書をここまで読み進んだ現在では、別なようにお考えではないでしょうか？

有機物が光るのは別に不思議なことではない。Yシャツやホタルやキノコでも発光するのだ。わからないのは有機ELの「発光の仕組み」だ。Yシャツやキノコなどの有機物は電気などないのに発光する。それでは有機ELが電気で発光するのはどういうことだ？

むしろ、疑問はそちらに移ったのではないでしょうか？

当然の疑問と思います。その答えは次章で見ることにしましょう。

生物発光

ホタルは数が少なくなりましたが、光を出す生物はたくさんいます。夏の海に行けば波間には夜光虫が光っています。山に行けばヒカリゴケや発光キノコが足元を照らします。深海では多くの深海魚が怪しげな光を放っています。これらの光はすべて生物が、体内の有機化合物を使って光っているのです。つまり、有機化合物が光を放っているのです。としたら、有機ELが発光したからといってことさら驚く必要もないのかもしれません。

話は逆になりますが、有機ELは電気エネルギーを使って発光します。しかし、生物は電池やましてコンセントを使って電気エネルギーを使うことはできません。生物はどのような仕掛け、機構で発光しているのでしょうか？

生物発光

◀ヒカリゴケ

発光キノコ▶

●ルシフェリン－ルシフェラーゼ機構

　生物発光は簡単には次のように説明されます。「生物体内にあるルシフェリンという物質がルシフェラーゼという酵素の力を借りて発光します」。これでは文系の人が文系の人に納得顔で説明して得意げになっているようなもので、なんの説明にもなっていません。理工系がこんな説明で納得していてはお先がしれます。

●実際の発光機構

　生物発光の機構はいろいろありますが、もっとも基本的な機構を見てみましょう。ウミホタルを例にとりましょう。ウミホタルの発光物質はウミホタルルシフェリンAです。複雑な構造のようですが、ウミホタル君には申し訳ありませんが、生物がもつ有機化合物の構造としては、それほど複雑ともいえないものです。

▼ウミホタルとその発光

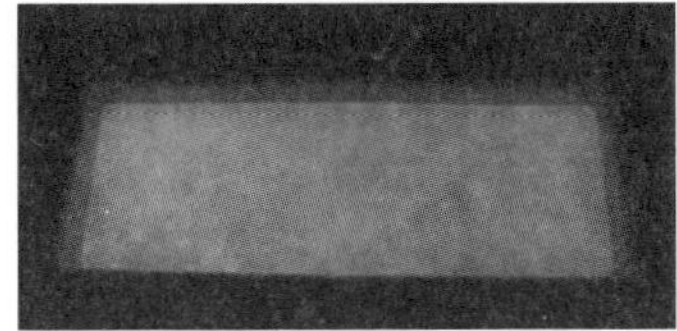

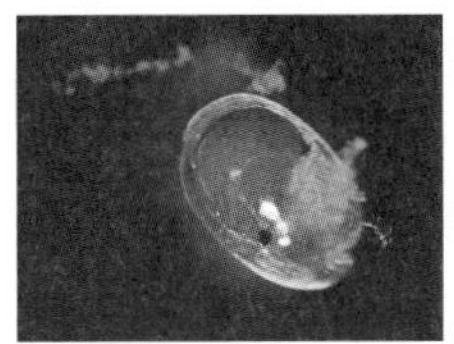

出典：Wikipedia

▼ウミホタルの発光原理（反応に関する部分）

A
ルシフェリン
O_2
ルシフェラーゼ
ジオキセタン
誘導体
AO_2
B^*
オキシルシフェリン
（励起状態）
光
ルシフェリン
（基底状態）
CO_2

CH_3
O
CH_3
N
N
$\overset{+}{N}H_2$
NH
NH_2
N
H
N
H

ウミホタルルシフェリンA

下の図は分子Aの重要部分（反応に関与する部分）だけを抜き出したものです。まず発光物質のA（つまり部分構造B）が酵素ルシフェラーゼの助けを借りて、酸素O_2と反応してジオキセタン誘導体Cとなります。その後Cは分解して低エネルギー物質の二酸化炭素CO_2を放出します。この低エネルギーのCO_2を放出したことによって、残りの部分Dはそのぶんだけ高エネルギーとなり、高エネルギーの励起状態D*となります。この励起状態が元の低エネルギーの基底状態に戻るときに、余分となったエネルギーを光として発光するのです。

▼ウミホタルの発光原理

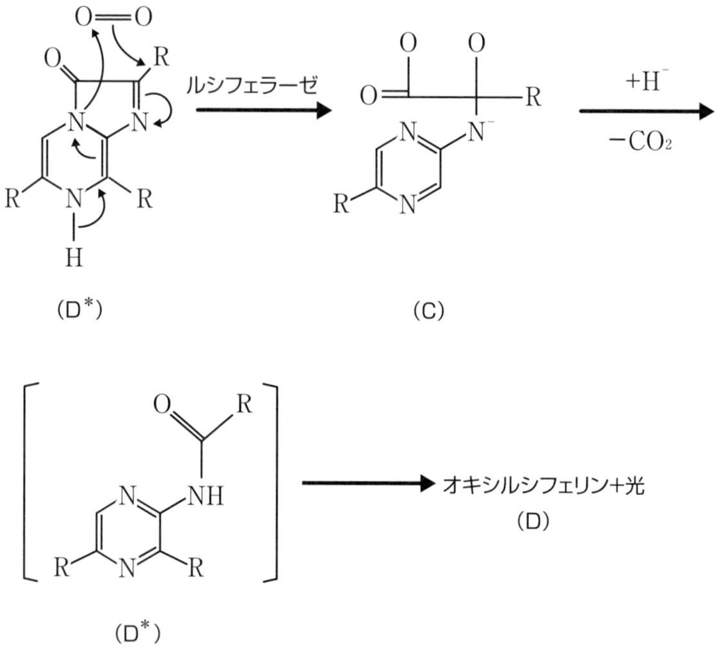

O=O
R
O
ルシフェラーゼ
N
N
R
N
R
H
(D*)

O O
O
R
N
N$^-$
+H$^-$
−CO_2
R
N
(C)

O
R
N
NH
R
N
R
(D*)

→オキシルシフェリン+光
(D)

有機ELの分子構造

この章では有機ELを発光させるのに必要な発光分子について解説していきます。発光分子を発光させるにはどのようにすればよいのか、カギを握る３種類の分子に必要とされる能力、さらには現在、盛んに研究されているリン光発光分子などについて述べます。

2-1

分子とエネルギーの相互作用

前章で原子や分子が発光すること、発光は発熱と同様に原子や分子が起こすエネルギー現象を説明しました。ここではその関係をもう少しくわしく見てみましょう。

分子の電子構造

原子は原子核と、それを取り巻く電子からできています。この電子は軌道（原子軌道（atomic orbital、AO））という入れ物に入っています。原子からできた分子も同様です。分子は原子核がつながった鎖や環のような構造体と、それを取り巻く電子からできています。分子の電子は分子軌道（molecular orbital、MO）と呼ばれる入れ物に入っています。

分子軌道はたくさんあり、分子を構成する電子の個数だけあります。

メタンCH_4はもっとも簡単な有機化合物ですが、電子数は炭素原子が１個、水素原子が４個ですから、分子全部で10個になります。つまり、メタンのような簡単な分子でも10個の分子軌道をもっているのです。この分子軌道はそれぞれ固有のエネルギーをもっています。図はその分子軌道をエネルギーの順に並べたものです。

分子の電子はこの分子軌道に入るのですが、その際には規則があります。それは

① エネルギーの低い軌道から順に入る

② １個の軌道には電子は２個までしか入ることはできない

というものです。

分子軌道は電子の個数だけあり、１個の分子軌道には２個の電子が入ることができるのですから、実際に電子が入っている分子軌道は、全分子軌道の半数、それも低エネルギーのものに限られることになります。電子の入っている軌道を被占軌道（ひせんきどう）(occupied molecular orbital)、空の軌道を空軌道（くうきどう）(unoccupied molecular orbital)といいます。

被占軌道のうち、もっともエネルギーの高い軌道を最高被占軌道（highest occupied molecular orbital、HOMO）、空軌道のうち、もっともエネルギーの低い

軌道を**最低空軌道**（lowest unoccupied molecular orbital、**LUMO**）といいます。

空軌道と被占軌道

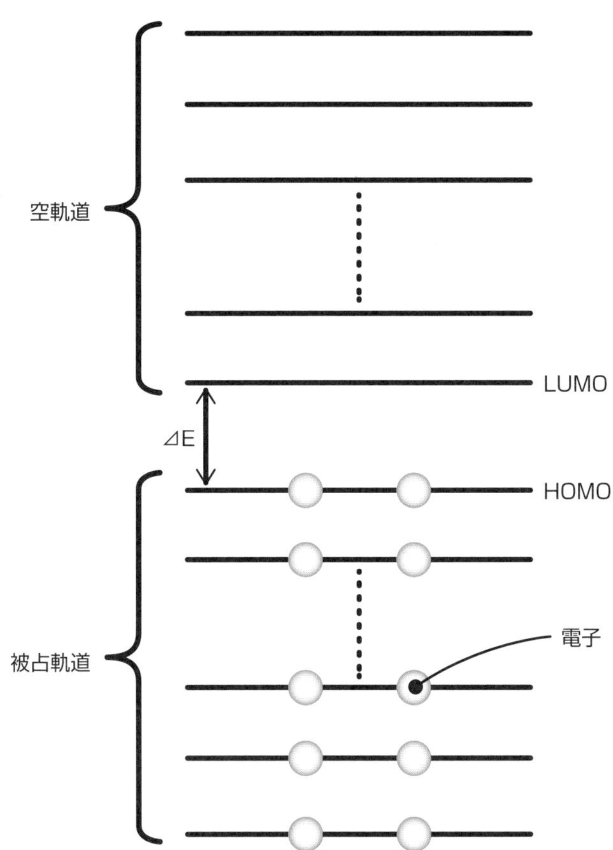

基底状態と励起状態

先に分子のエネルギー状態として、高エネルギー状態の励起状態と、低エネルギー状態の基底状態があることを見ました。この2つのエネルギー状態を電子の観点から見てみましょう。

分子にエネルギーが注入された場合、そのエネルギーを受け取るのはHOMOの電子です。HOMOの電子がエネルギーを受け取って、⊿Eだけ高エネルギーのLUMOに移動するのです。このような電子の軌道間の移動を**遷移**（**電子遷移**）といいます。

そして、電子が移動する前の状態を基底状態、移動したあとの状態を励起状態というのです。したがって励起状態と基底状態の間のエネルギー差は、HOMOとLUMO間のエネルギー差⊿Eに等しいということになります。

つまり励起状態と基底状態の違いは分子軌道における電子の入り方（**電子配置**）の違いであり、両状態間の移動はHOMOとLUMOの間の電子遷移ということになります。

もっといえば、HOMOの電子は電気エネルギーなどの外部エネルギー⊿Eを吸収してLUMOに移動し、この電子が元のHOMOに移動するときに不要となった⊿Eを外部に放出します。そしてこのエネルギーが光として観測されるのが**発光**という現象ということになります。

基底状態と励起状態

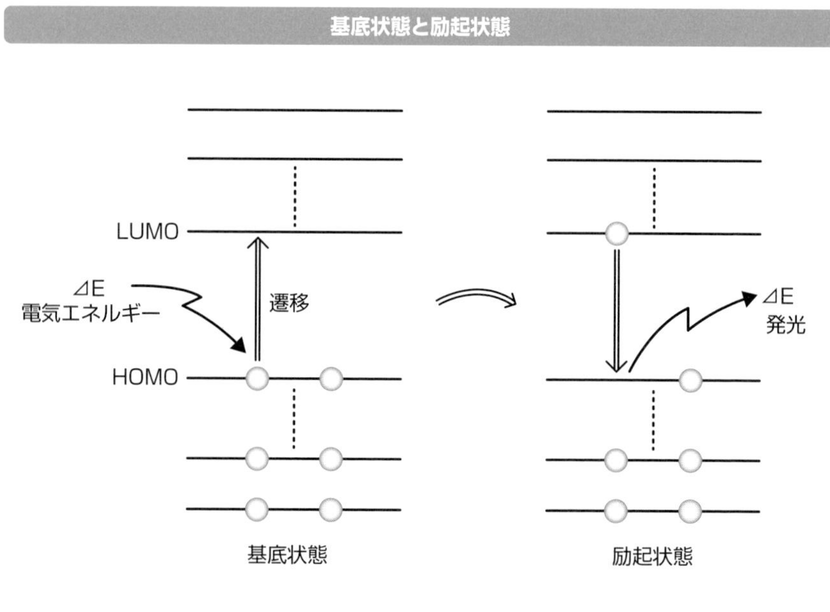

2-2

有機EL素子の構造

前項で解説したとおり、有機ELの発光分子を発光させるには、発光分子の励起状態を作ってやればよいことになります。その方法について解説しましょう。

電流とは？

有機EL素子を見る前に、電気について見ておくことにしましょう。電気には電圧、**電流**などがありますが、ここで問題になるのは電流です。電流というのは電子の移動、電子の流れです。電子がA地点からB地点に移動したとき、電流は逆方向に、B地点からA地点に流れたと定義されます。

電池で考えれば、電池の陽極と陰極を導線でつないだとき、電流は外部回路（導線）の陽極から陰極に向かって流れますが、電子は反対に陰極から陽極に向かって移動しているのです。

電流と電子の流れ

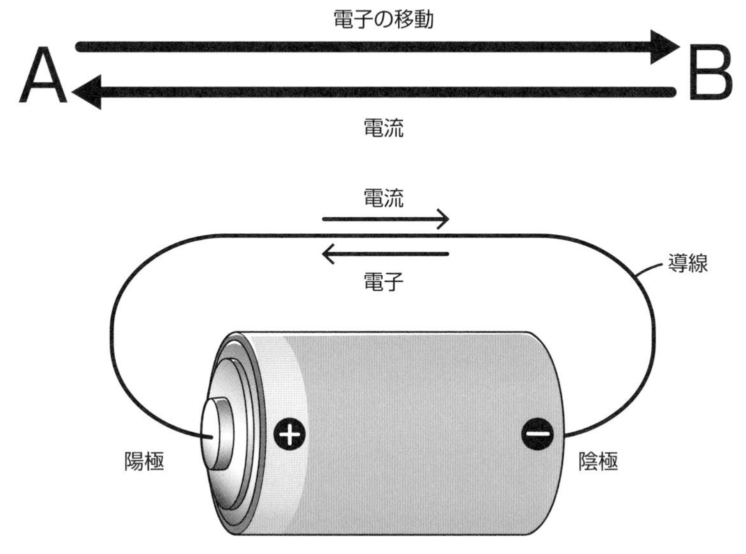

三層構造

有機ELの発光体、つまり有機EL素子は、発光分子の励起状態を次のような巧みな方法で作ります。それは有機EL素子を**三層構造**にするのです。つまり、発光分子（発光層）を**電子輸送層分子**と**正孔輸送層分子**という二種の分子の層でサンドイッチし、全部で三層構造とするのです。

電子輸送層分子というのは、陰極からきた電子を発光層に輸送する分子です。それに対して正孔輸送層分子というのは発光層の電子を陽極に運び去る分子です。この構造を見ると、観察者は発光層から出た光をどのようにして観察できるのか？ と疑問に思われるかもしれませんが、問題はありません。三層の各層は非常に薄いので、十分に光を通しますし、電極は透明な透明電極を使用します。

有機EL素子の構造

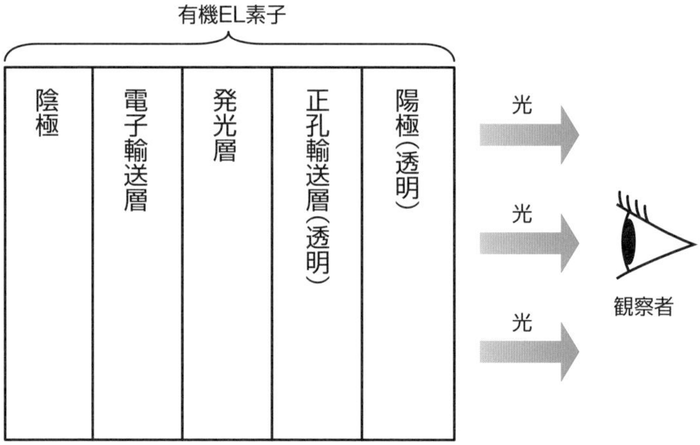

有機EL素子

陰極	電子輸送層	発光層	正孔輸送層（透明）	陽極（透明）

光
光
光
観察者

輸送層分子と電極の相互作用

それぞれの分子が電極につながれたとき、どのような変化が起こるかを見てみましょう。電子輸送層が陰極につながれると、電子輸送層分子に電子が注入されます。この電子は空いている軌道、空軌道に入らなければなりません。つまり、電子輸送層では電子が１個増えて、その電子はLUMOに入ることになります。

一方、正孔輸送層が陽極につながれると正孔輸送層の分子が陽極に流れ去りますが、この電子はHOMOの電子です。したがって正孔輸送層ではHOMOの電子が1個減少します。

電子輸送層と正孔輸送層

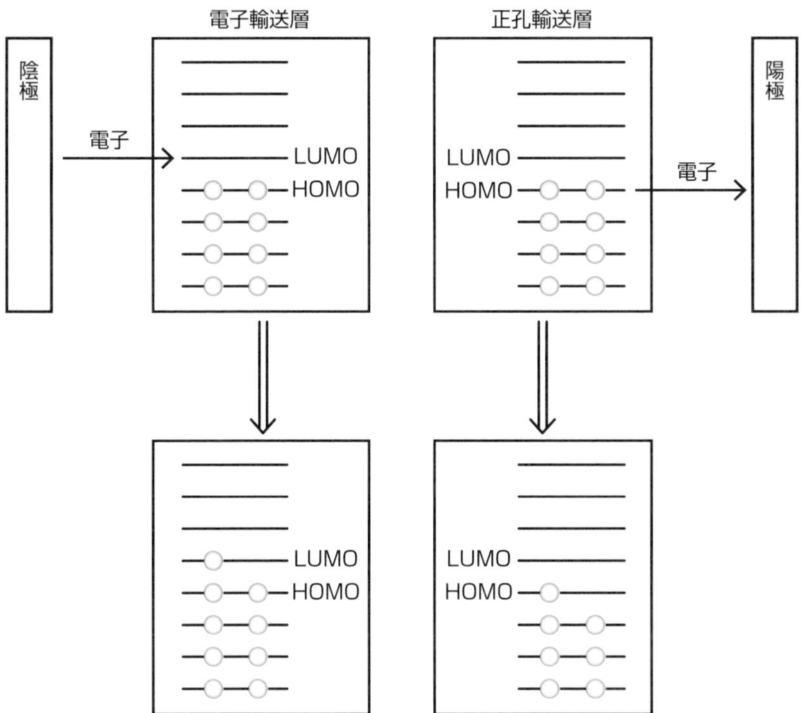

輸送層分子と発光層分子の相互作用

上の過程によって生じた電子輸送層分子と正孔輸送層分子が発光層分子と相互作用することによって両者の間に電子移動（遷移）が起こります。その結果生じた発光層分子の電子配置を見てください。

HOMOの電子が1個少なくなり、代わりにLUMOに電子が1個入っています。これは結果的に、HOMOの電子がLUMOに遷移したのと同じことになっています。つまり、発光層分子は励起状態になっているのです。

この励起状態のLUMOの電子がHOMOに遷移すれば両軌道間のエネルギー差⊿Eが放出され、発光が起きるということになるのです。

輸送層分子と発光層分子の相互作用

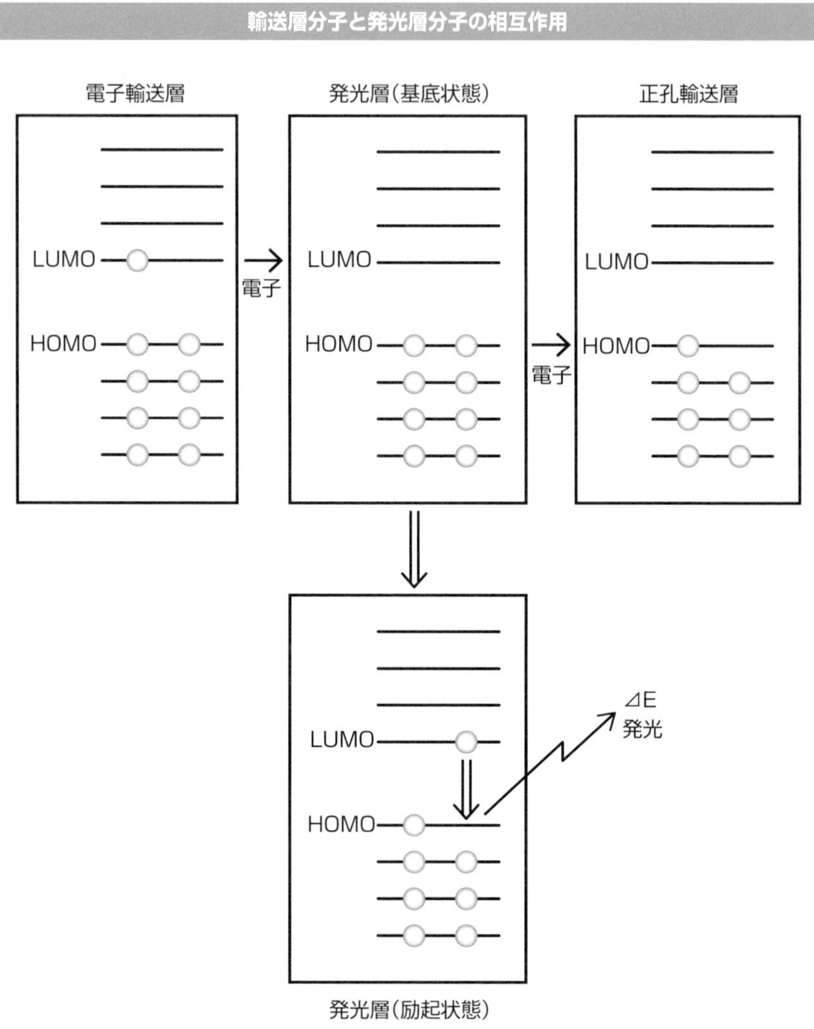

2-3 有機EL分子に要求される電子的能力

有機ELに必要な、電子輸送層分子、正孔輸送層分子、発光層分子の3種類の分子。この分子に必要とされる能力について解説します。

輸送層分子

電子を輸送する**電子輸送層分子**は、電子を収容する能力の高いことが必要です。そのためニトリル基CNなどの電子求引性置換基をもつものや、電子欠乏性ヘテロ芳香環をもつものが多くなります。

反対に、正孔輸送層分子には電子を放出する能力の高いことが要求されます。そのため、非共有電子対をもつ窒素化合物などが用いられることが多くなります。代表的な**輸送層分子**を図に示しました。

代表的な輸送層分子

電子輸送層分子

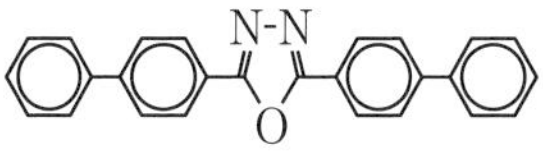

N-N
O
PBD

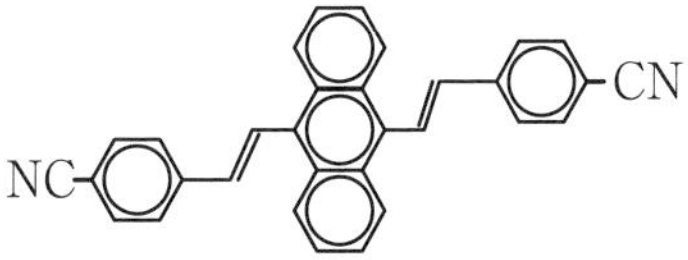

NC
CN
BSA-1

正孔輸送層分子

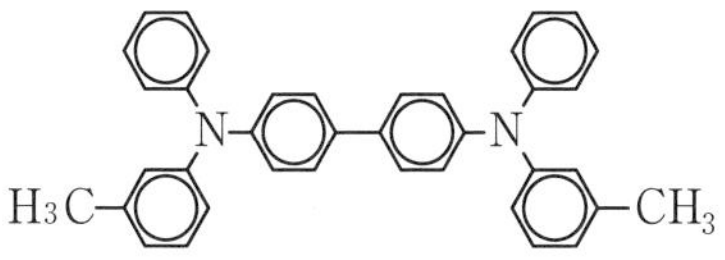

N
N
H_3C
CH_3
TPD-1

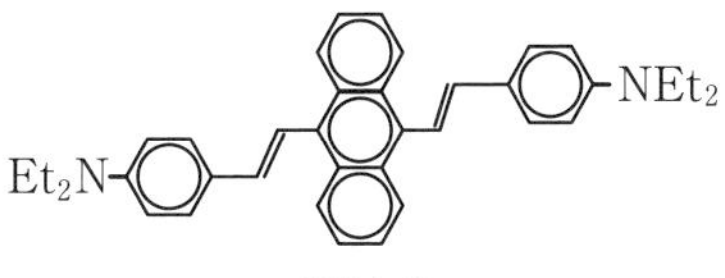

Et_2N
NEt_2
BSA-3

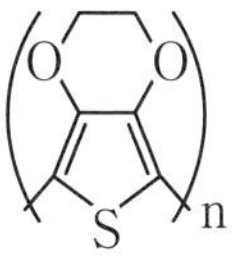

O
O
S
n
PEDOT

発光層分子

発光層分子は文字どおり発光する分子であり、有機ELの中心分子です。そのため、多くの種類の分子が研究開発されています。

発光層分子に求められる能力はたんなる発光能力だけではありません。すなわち、電子輸送層が運んでくる電子を効率よく受け取り、反対に電子を受け取る正孔輸送層分子には気前よく電子を与えなければなりません。そして生じた励起状態にはエネルギー差を発光のエネルギーに変える能力が要求されます。

電子輸送層分子のLUMOにある電子を自身のLUMOに引き受けるためには、発光層分子のLUMOは電子輸送層分子のLUMOよりエネルギーが低いことが大切です。また、自身のHOMOの電子を正孔輸送層分子のHOMOに放出するためには、発光層分子のHOMOには正孔輸送層分子のHOMOよりエネルギーが高いことが要求されます。

そうでなければ輸送層分子と発光層分子との間の電子移動がスムーズに進行せず、発光しないか、あるいは発光しても効率が低いことになってしまいます。

発光層分子の関係

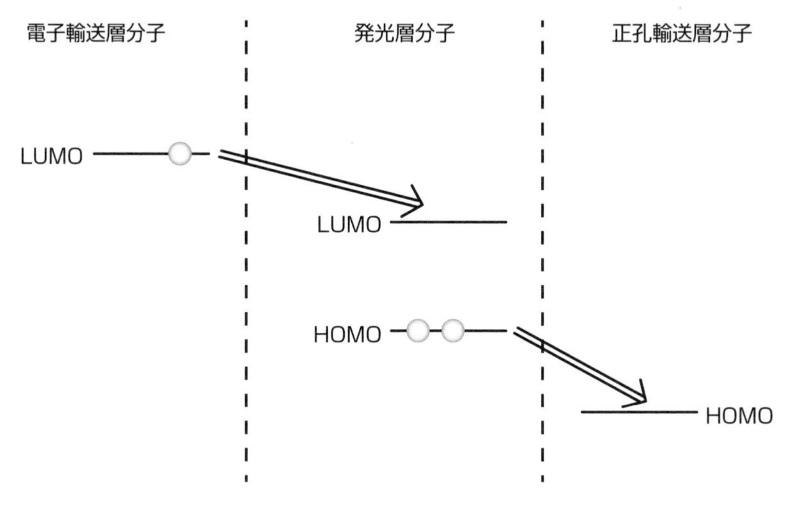

発光層分子と波長

発光層分子には、電子的な性質のほか、発光する光の色に対する要求も大切です。有機ELが実用的な表示機器になるためにはフルカラーの発色が絶対条件です。フルカラー表示を行うためには2つの方法があります。1つは白色の発光を分光してほしい光だけを選択するか、反対に三原色を組み合わせて白色光にするかです。

白色発光分子が開発されればフルカラーの問題は根本的に解決されるのでしょうが、現在のところそのような発光分子は開発されていません。

現在の有機ELのカラー表示は先に見た光の三原色を用いて行っています。図に示した3種の分子はみな発光層分子であり、PSDは青、NSDは緑、PDは赤に発色します。つまり、この3色を用いると実用上、ほぼ満足な白色光源となり、同時にこの3色を適当な割合で混ぜると任意の色彩の光を作ることができます。

発光層分子

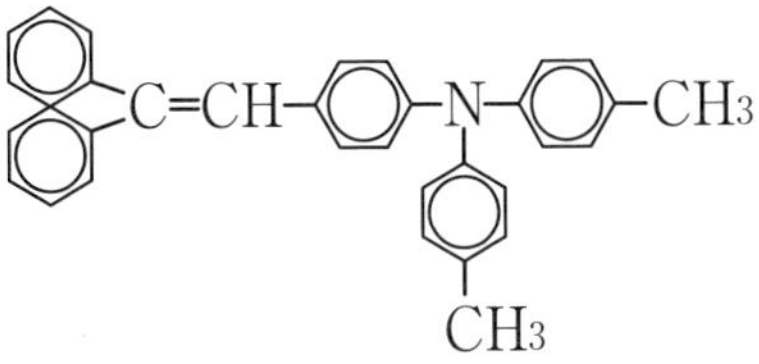

PSD(460nm)　青

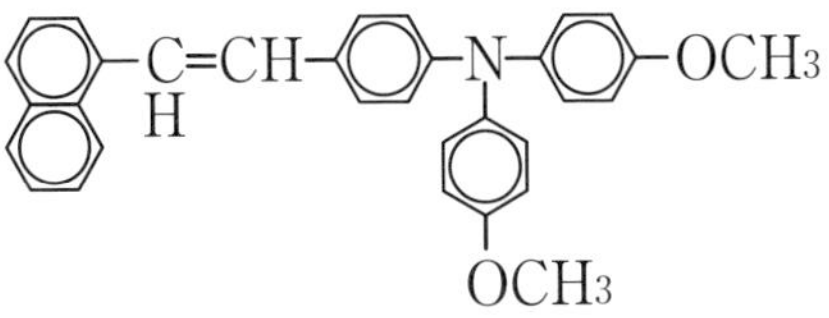

NSD(520nm)　緑

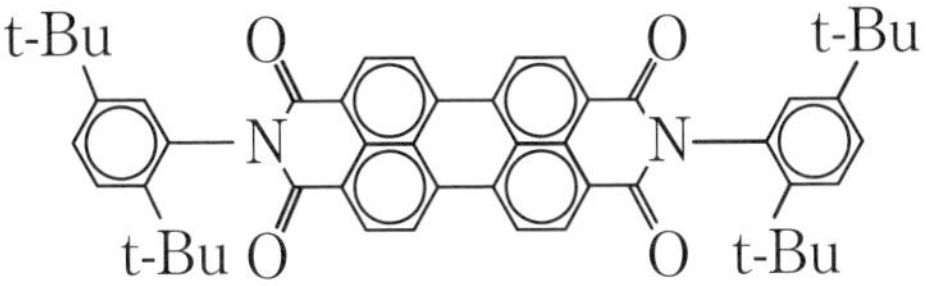

PD(620nm)　赤

3種の分子の発光の波長分布を図に示しました。全部を重ねると人間の目の感知範囲の400～800nmをカバーしていることがわかります。

発光層分子の発光の波長分布

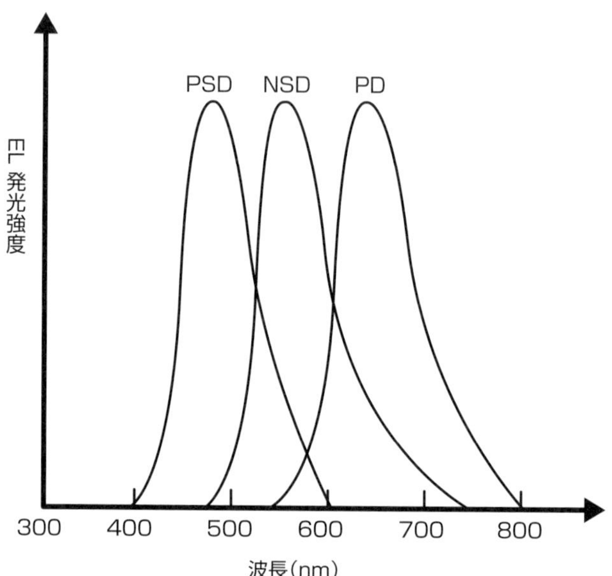

2-4

発光層分子の種類と分子構造

発光層分子には多くの種類がありますが、大きく次の3種類に分けることができます。それは、有機色素系発光層分子、金属錯体系発光層分子、高分子系発光層分子です。

有機色素系発光層分子

図に示したのは**有機色素系発光層分子**です。いろいろな種類が開発されていますが、DPVBiとspiro-8Φは炭素、水素だけからなる炭化水素分子です。BMA-nTは窒素原子Nをもった芳香族アミンで、同時に硫黄原子Sをもったチオフェン骨格をもつ分子ですが、n=3、つまりチオフェン骨格を3個もったBMA-3Tは発光輝度13300cd/m^{2}という高い輝度を誇っています。2PSPはケイ素を含むシロール骨格をもつ化合物です。

有機色素系発光層分子

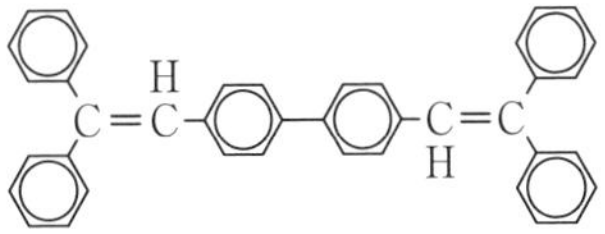

DPVBi

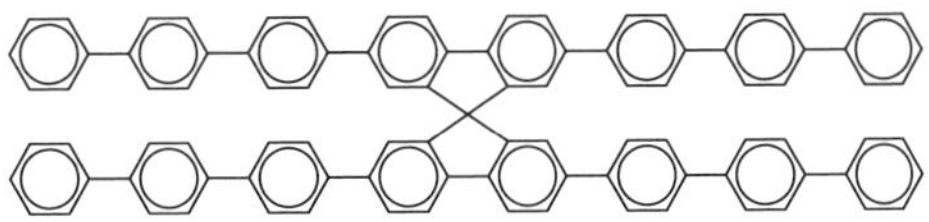

spiro-8 θ

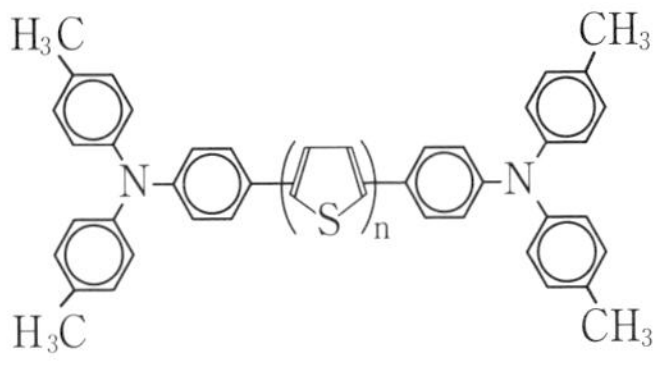

BMA-nT
13300cd/m^2

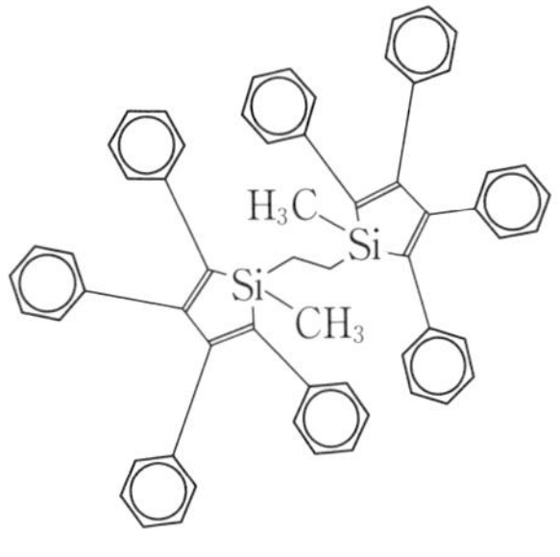

2PSP

金属錯体系発光層分子

現在のところ、発光層分子の主流となっているのは、有機分子から成る骨格と金属原子が合体した分子で、一般に**錯体**（さくたい）といわれるものです。中心金属は多種類のものが用いられていますが、イリジウムIrなどはリン光発光分子としてあとで見ることにします。ここで**金属錯体系発光層分子**として紹介したものはアルミニウムAl、亜鉛Zn、ベリリウムBeを用いた分子です。

Alq_3は高い発光効率をもつうえ、化学的、熱的安定性にもすぐれているため、多くの有機EL素子に発光分子としてばかりでなく、輸送層分子としても用いられています。$Almq_3$はAlq_3の改良体であり、$Almq_3$は最高輝度26000cd/m^2に達しています。

亜鉛を用いたものも好成績を収め、Znq_2は最高輝度16200cd/m^2とAlq_3と同等の性能を誇っています。ベリリウムを用いたものにも優秀なものがあり、$BeBq_2$は19000cd/m^2というAlq_3を凌ぐ値を示しています。ただしベリリウムは非常に毒性が強い金属ですから、製造に携わる人はベリリウムの粉末や蒸気を吸わないように注意することが大切です。

金属錯体系発光層分子

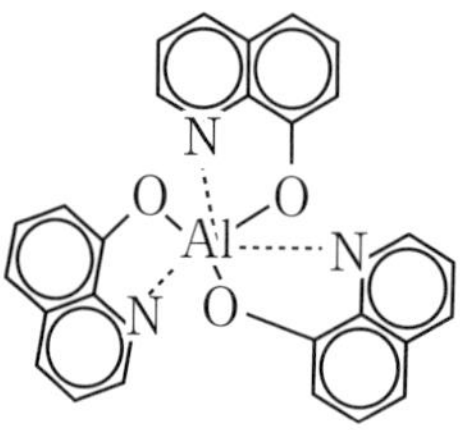

Alq_3

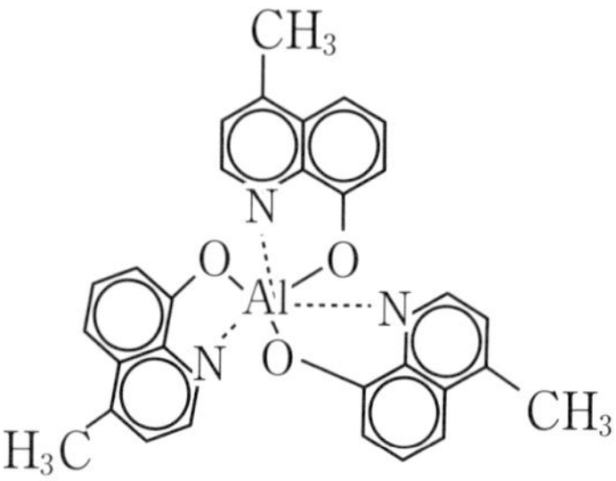

$Almq_3$

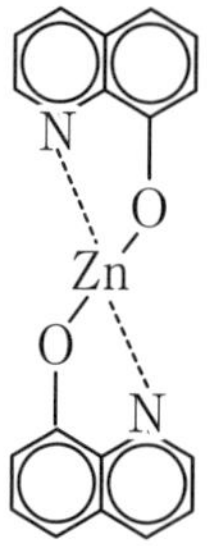

Znq_2

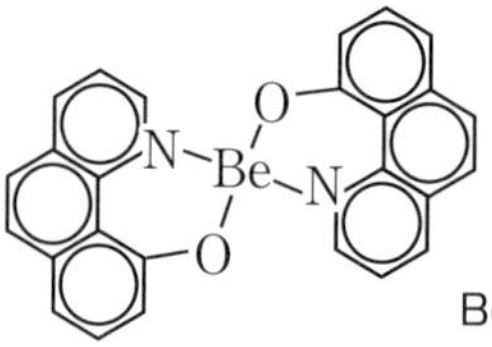

$BeBq_2$

高分子系発光層分子

有機EL用の発光分子には高分子系のものも知られています。有機色素系や金属錯体系の分子では素子を作るときに色素を真空蒸着などで薄膜化する必要があります。しかし、高分子だとスピンコーティング法や、場合によってはインクジェット法で塗布することで代用することが可能であり、さらに大面積の素子を作ることも可能など、工法上のメリットが多いことも大きな利点です。

図に**高分子系発光層分子**のいくつかの例を示しました。ビニル系（PPV）、パラフェニレン系（PPP、PDAF）などの水素、炭素だけのものから、硫黄Sを含んだポリチオフェン、ケイ素（シリコン）を含んだケイ素樹脂系のものなど、多くの種類が開発されています。

高分子系発光層分子

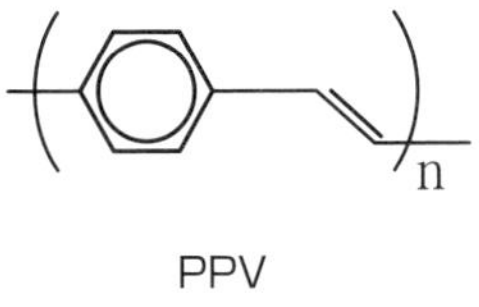

PPV

PPP

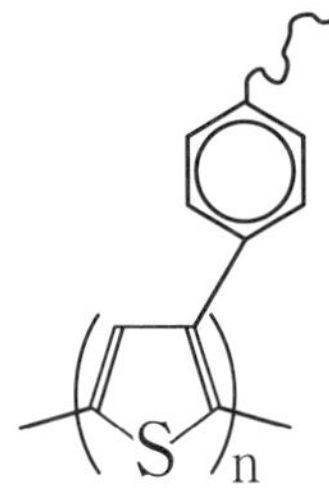

ポリチオフェン系

ケイ素樹脂系

ドーピング

発光層で発光する分子には、先に説明した発光層分子のほかにもう1種類、別のタイプのものがあります。それは**ドープ分子**です。**ドープ**とは基材の中に少量の別の素材（**ドープ剤**）を混ぜることをいいます。すると基材とドープ剤の間でエネルギーや電子の移動が起こり、種々の現象が起こります。

ドーピングで有名な例は、ノーベル化学賞を受賞した白川英樹博士の行った、ポリアセチレンにヨウ素をドープして金属並みの伝導体を合成した伝導性高分子の例でしょう。

ドーピング

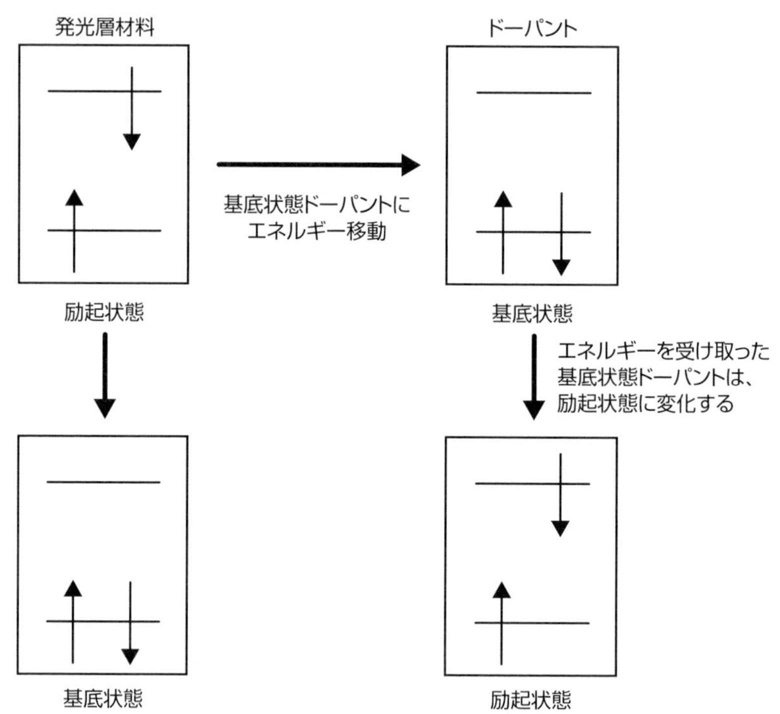

有機ELの場合の基材は発光層分子です。発光層分子に適当量のドープ剤（**ドーパント**）を混ぜると、図に示したように、励起状態にある発光層分子のエネルギーがドーパントに移動し、ドーパントが励起状態になります。これは発光層分子がエネルギー輸送剤、ドーパントが発光層分子として働いていることを示すものです。

ドーパントは発光分子なので、ドーパントそのものを発光層分子として発光層に用いてもよさそうなものです。しかし、発光分子のなかには濃度が濃いと発光しない（濃度消光）ものなどがあり、このような場合にドープ法は有効な方法となります。いくつかのドーパントを図に示しました。

ドーパント

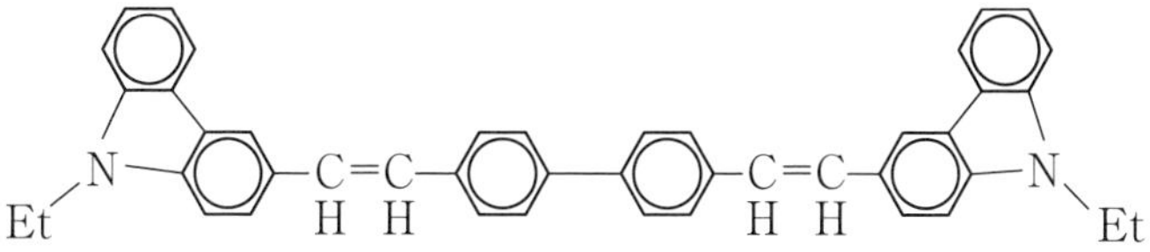

BCzVBi

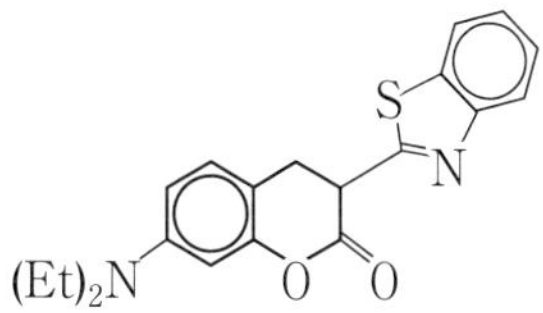

Coumarin 6

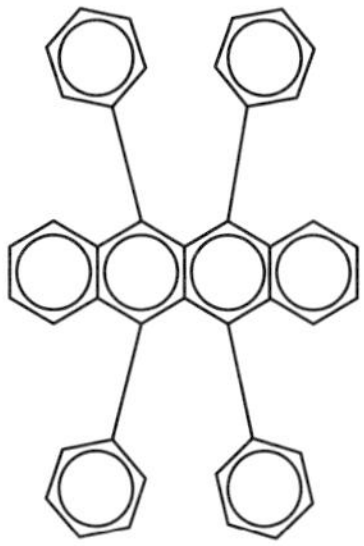

Rubrene

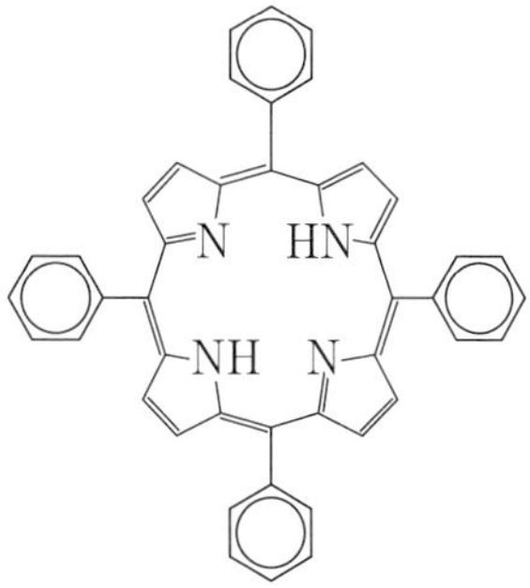

TPP

ルミノール反応

テレビの推理ドラマを見ていると、よく出てくるのが殺人現場での鑑識班の活動です。犯行現場とおぼしきところの床や壁になにやらスプレーを吹きかけます。その後、現場を暗幕で覆って暗くして、なにやら得体のしれないランプで照らすと、床の一箇所が青白い光を放って……。

これがよく知られた**ルミノール反応**です。青白く光った場所は血液で汚染された場所なのです。ここでスプレーした液体はルミノールという分子と過酸化水素（消毒薬のオキシフル）の混合物です。ご想像のとおり、この液体が血液と反応して光るのですが、この反応には触媒が必要です。血液に含まれる鉄錯体であるヘム（ヘモグロビンに含まれる化学分子）が恰好の触媒になるのです。

つまり、ヘモグロビンがあれば光り、なければ光りません。このことによって現場に血液があるかどうかを判定します。

▼血の跡を調べる鑑識のシーン

ルミノール反応は次のように進行します。すなわちルミノール試薬1が塩基の作用によってN＝N二重結合を含む2に変化します。ここに過酸化水素H_2O_2が作用して3になります。大切なのは、この反応には触媒としてのヘモグロビンの作用が必須だということです。ヘモグロビンがあれば3は生成しますが、ヘモグロビンがなければ3は生成しません。

3はその後、窒素分子N_2を放出して4になります。

問題はここで放出されたN_2です。これは非常に安定した分子なので、N_2を放出することによって4はそのぶんだけ高エネルギー状態になる、すなわち、4は励起状態4*となるのです。これが基底状態に落ちるときに発光するのがルミノールの発光現象です。

つまりこの一連の反応はヘモグロビンがあれば最後まで進行して発光しますが、ヘモグロビンがなければ2を生成した段階で終了となり、発光はしません。ということで、ヘモグロビン（血液）の有無を判定する反応となるのです。

▼ルミノール反応

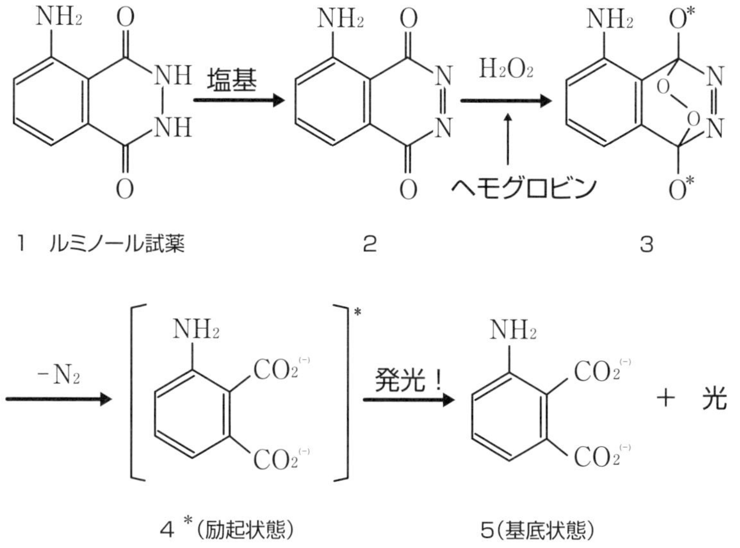

NH2 O NH NH 塩基 → NH2 O N N O H2O2 → ヘモグロビン NH2 O* O O N N O*

1　ルミノール試薬　　2　　3

−N2 → [NH2 CO2(−) CO2(−)]* 発光！→ NH2 CO2(−) CO2(−) ＋ 光

4*（励起状態）　　5（基底状態）

2-5
リン光発光材料

分子の発光のうち、現在、盛んに研究されているのがリン光発光分子です。この分子を理解するために、ケイ光とリン光の違いから述べていきましょう。

分子が発光（luminescence）することはすでに見ましたが、実は分子の発光には2種類あります。**ケイ光**（蛍光、fluorescence）と**リン光**（燐光、phosphorescence）です。ここまでに述べた発光はいずれもケイ光でしたが、現在盛んに研究されているのはリン光発光分子です。では、ケイ光とリン光はどこが違うのでしょうか？

一重項と三重項

ケイ光とリン光は現象としても異なりますが、それ以上に発光の機構が決定的に異なります。図にその様子を示しました。

電子は自転（スピン）をしており、その方向には右回転と左回転があります。化学ではそれぞれの回転方向を矢印の上下方向で表す約束になっています。そして1個の軌道に2個の電子が入るときには、互いにスピン方向を逆にしなければならないという大原則があります。

基底状態の分子はHOMOに2個の電子が入っているので、この電子は互いにスピン（自転方向）を逆にしていることになります。このような状態を**一重項**（いちじゅうこう）（S、singlet、基底状態はS_0で表す）といいます。

この分子がエネルギーを吸収するとHOMOの電子1個がLUMOへ移動（遷移）し、高エネルギーの励起状態になります。この状態でもHOMOの電子とLUMOの電子はスピンを逆にしており、一重項となっています。このような励起状態を**一重項励起状態**（S_1）といいます。

しかし、適当な条件が重なるとLUMOの電子はスピン方向を反転（スピン反転）してHOMOの電子と同じ向きになります。このような状態を**三重項**といいます（T_1）。しかし、スピン反転は禁制の過程であり、なかなか起きませんし、起きたとしても時間がかかります。また、三重項は相当する一重項より安定です。

一重項と三重項の相互関係

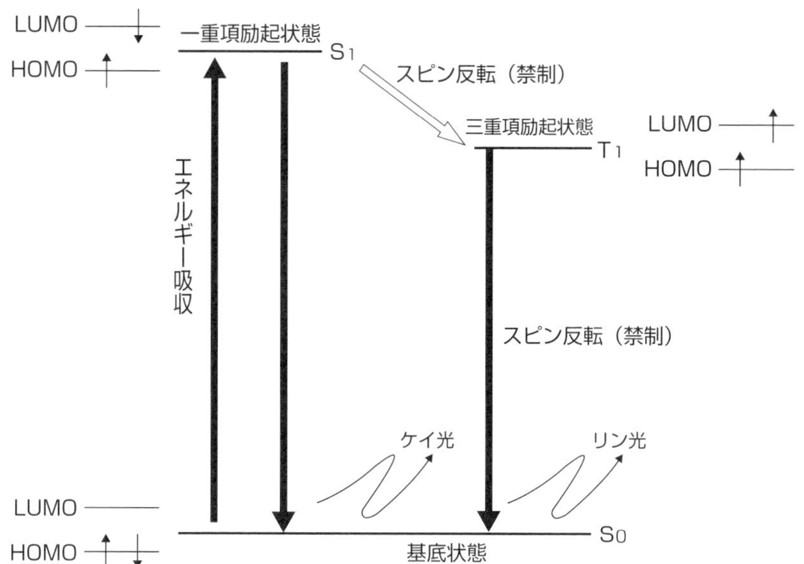

ケイ光とリン光

一重項励起状態から発光する光をケイ光と呼び、三重項励起状態から発光する光をリン光といいます。したがって、ケイ光とリン光の違いは一重項と三重項の違いを反映したものということになります。その違いは次のようなものです。

① まず、三重項は一重項より低エネルギーです。したがって三重項から出るリン光は一重項から出るケイ光よりエネルギーが小さくなります。これはリン光の波長はケイ光より長いことを意味します。

② 三重項の励起状態から発光して一重項の基底状態に戻るためにはスピンを反転しなければなりません。そのため、リン光は出現しにくく、出現しても時間がかかります。すなわち、ケイ光ではエネルギー吸収から発光まで10^{-5}秒程度であるのに対し、リン光では長いものは10秒ほどもかかることがあります。

リン光発光材料

有機ELにおいて発光分子が励起される過程はエネルギー吸収ではなく、電子置換です。そのため、有機ELの発光層分子が励起されるときには一重項：三重項=1：3、すなわち、75%は三重項に励起されます。

ところが従来の発光層分子は一重項のみから発光（ケイ光）していたのです。これでは発光の最大効率は25%に過ぎず、75%の励起分子は“捨てられていた”のと同じことになります。もし、三重項から発光（リン光発光）するならば、残りの75%（リン光）が発光するだけでなく、リン光を出す分子はケイ光も出すことが多いので100%の発光効率が可能となります。このような意味から、現在は**リン光発光分子**の開発が盛んに行われているのです。

図はそのようなリン光発光分子の例を示したものです。金属錯体が多く、金属はイリジウムIr、白金Pt、オスミウムOs、ルテニウムRuなど、レアアースが多く用いられています。レアアースは貴重で高価な金属のため、レアアース以外の金属を用いる研究が精力的に進められています。

有機物は金属を駆逐する？

現代の有機物は過去の有機物とは一線を画しています。堅くて丈夫で耐熱性があるだけではありません。電気を通す、超伝導性をもつ、磁石に吸いつく、鉄を吸いつけるなど、これまで金属だけがもつと考えられた性質をもつ有機物が続々と誕生しています。

金属の活動領域に有機物が侵入しつつあるのです。やがて現在のレアアースの活躍分野は有機物によって占領されるかもしれません。

リン光発光分子

レアメタルとレアアース

最近よく目にし耳にする言葉に**レアメタル**、**レアアース**というものがあります。これはなんのことでしょうか？「レア」はどうも「希少」のようです。「メタル」は「金属」でしょう。してみればレアメタルは希少金属となりそうです。それでは「アース」とはなんでしょう？「地球」でしょうか？「希少な地球」？

▼レアメタルとレアアース

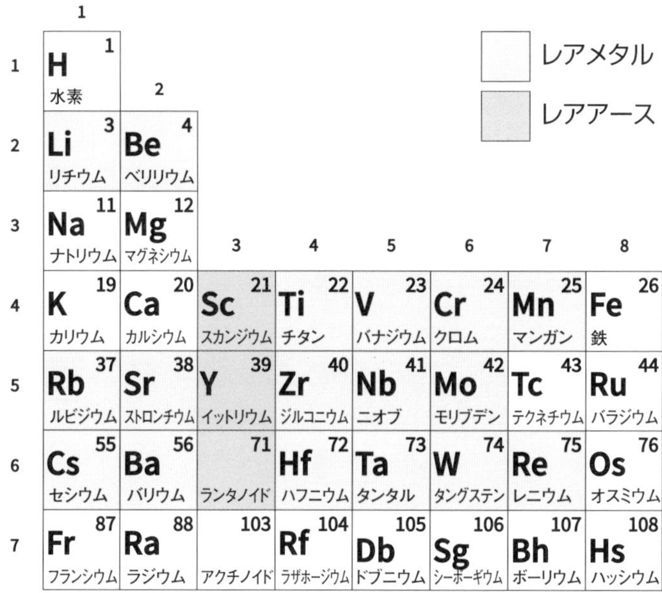

なんのことでしょう？ 「アース」にはもう1つ、「土、砂」という意味もあります。それでは「希少な土」とでも思えばよいのでしょうか？ ということで、文科系のように言葉の辞書的な意味だけでは解釈できないのがレアメタル、レアアースです。

9	10	11	12	13	14	15	16	17	18
									2 He ヘリウム
				5 B ホウ素	6 C 炭素	7 N 窒素	8 O 酸素	9 F フッ素	10 Ne ネオン
				13 Al アルミニウム	14 Si ケイ素	15 P リン	16 S 硫黄	17 Cl 塩素	18 Ar アルゴン
27 Co コバルト	28 Ni ニッケル	29 Cu 銅	30 Zn 亜鉛	31 Ga ガリウム	32 Ge ゲルマニウム	33 As ヒ素	34 Se セレン	35 Br 臭素	36 Kr クリプトン
45 Rh ロジウム	46 Pd パラジウム	47 Ag 銀	48 Cd カドミウム	49 In インジウム	50 Sn スズ	51 Sb アンチモン	52 Te テルル	53 I ヨウ素	54 Xe キセノン
77 Ir イリジウム	78 Pt 白金	79 Au 金	80 Hg 水銀	81 Tl タリウム	82 Pb 鉛	83 Bi ビスマス	84 Po ポロニウム	85 At アスタチン	86 Rn ラドン
109 Mt マイトネリウム	110 Ds ダームスタチウム	111 Rg レントゲニウム	112 Cn コペルニシウム	113 Nh ニホニウム	114 Fl フレロビウム	115 Mc モスコビウム	116 Lv リバモリウム	117 Ts テネシン	118 Og オガネソン

61 Pm プロメチウム	62 Sm サマリウム	63 Eu ユウロピウム	64 Gd ガドリニウム	65 Tb テルビウム	66 Dy ジスプロシウム	67 Ho ホルミウム	68 Er エルビウム	69 Tm ツリウム	70 Yb イッテルビウム
93 Np ネプツニウム	94 Pu プルトニウム	95 Am アメリシウム	96 Cm キュリウム	97 Bk バークリウム	98 Cf カリホルニウム	99 Es アインスタイニウム	100 Fm フェルミウム	101 Md メンデレビウム	102 No ノーベリウム

●レアメタル

レアメタルは辞書のいうとおり、希少金属です。それは周期表に示したとおり、全部で47種類あります。自然界に存在する元素の種類はおよそ90種類ですから、その半分以上がレアメタルということになります。しかし、この「希少」の意味は辞書とは少々異なっています。レアメタルのいう「希少」の意味は、

① 地殻中に希少である
② 日本にとって希少である
③ 単離精製が困難である

です。

「日本にとって」とはどういうことでしょうか？　これは科学的な条件ではありません。政治、経済的な条件です。

この3条件のどれか1つでも満たせば「希少金属」と認定されるのです。世界的にどんなに豊富に存在しようと、日本になければレアメタルとなるのです。したがって、レアメタルというのは日本にだけあてはまる言葉です。日本にとって「レアメタル」でも中国にとってはどこにでも転がっている「コモンメタル、汎用金属」なのかもしれません。

実際そうなのです。昔は白熱電灯の芯に使われる程度でしたが、現在では超硬度鋼、超耐熱鋼の原料として欠かせないタングステンWは全世界生産量の90%近くを中国が占めています。リチウム電池の原料であるリチウムLiはチリ、オーストラリア、アルゼンチンの3国で全世界生産量の70%ほどを占めています。日本では生産しません。

▼レアアースの生産量

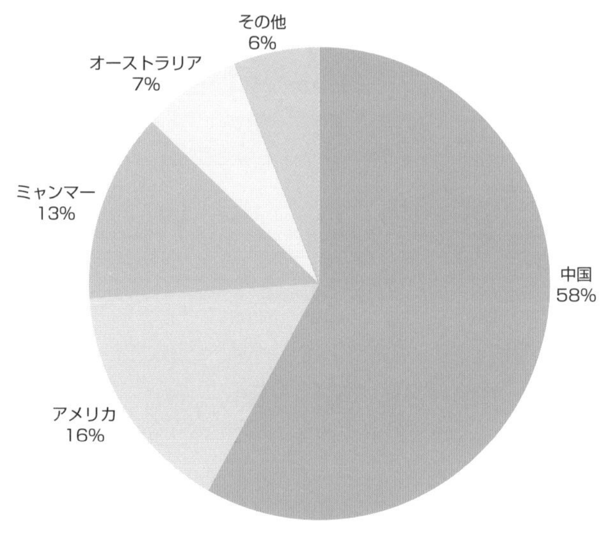

これがレアメタルなのです。神様はかなりエコヒイキなのでは？ と思ってしまいます。そのぶん勤勉な人間を与えてくださった、と思いたいのですが、最近はどうなのでしょうか？

●レアアース

それではレアアースとはなんでしょう？　その前に重要なことがあります。それは「レアメタル」と「レアアース」は「異なるもの」ではないということです。レアアースは「レアメタルの一種」なのです。

「レアメタルのうち、特殊なものをレアアースという」だけなのです。特殊とはいいますが、レアアースの種類は17種類もあります。つまり、レアメタル47種のうち17種はレアアースなのです。大所帯ということができるでしょう。

南鳥島の空中写真（出典：Wiki）

南鳥島周辺の排他的経済水域（EEZ）内の深海底で見つかったコバルトなど希少な金属を多く含む「マンガンノジュール」の密集域。2016年4月撮影。採掘には多くの難題が待ちかまえているが、将来的には中国への依存をさらに減らせるものと期待されている（写真：時事、提供：海洋研究開発機構）

レアアースの区分は化学的なものです。それは周期表に示したように、3族元素のうち、アクチノイド元素（15種）を除いたものをいいます。レアアースは精製すれば金属ですが、自然界に存在するときには土や砂のような様相を呈しています。そのために「希少な土砂」という、なんともイロケのない名前になってしまったのです。

●レアメタルとレアアースの機能

端的にいうと、レアメタルは縁の下の力持ちです。レアメタルの多くは鉄に混ぜられて合金とされます。そして、硬度、耐熱性、耐錆性を画期的に向上させます。現在、鉄だけでできた鋼材は本当の下働きしかできないでしょう。華々しく働いている鉄鋼のほとんどすべてはレアメタルの混じった合金です。

それに対してレアアースは金属界における、蒼顔のエリートです。磁性、発光、発色、レーザー、現代科学の最先端をいく物質はすべてレアアースの息がかかっています。日本の現代科学産業はレアアースなくしては成り立ちません。この状態を打開するには、レアアースの代替物を発明するしかなく、そのためには、みなさんのような若い知能を待っているのです。

▼レアメタルとレアアースの関係

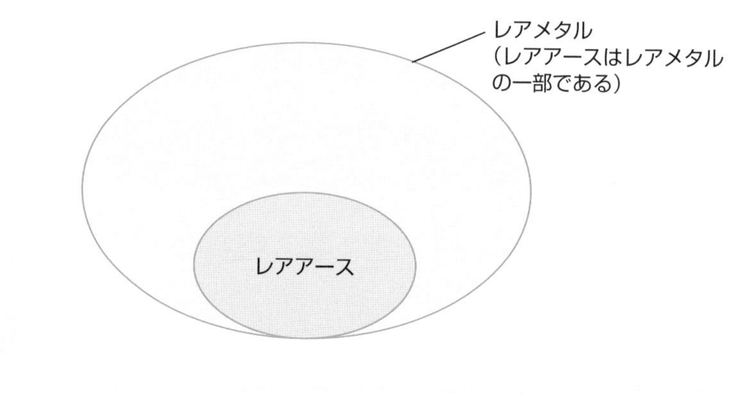

第3章

有機ELディスプレイの作り方

この章ではいよいよ、有機ELディスプレイの作り方について解説していきます。原理として、ディスプレイをカラー化する方法や画面表示の方法について述べるとともに、液晶型やプラズマ型といったほかの型式・原理と比べた場合の長所・短所についても述べます。有機ELならではの特徴を、ここでしっかりつかんでください。

3-1 有機EL素子の作り方

ここでは有機EL素子の作り方について解説していきます。いくつかの方法がありますので、その違いをしっかり理解していきましょう。

前章で、有機ELを構成する輸送層分子、発光層分子にどのような性能が要求され、それを満たす分子としてどのようなものが開発されているかを見ました。ここではそのような分子を実際の有機EL素子、さらには有機ELディスプレイに構成するには、具体的にどのようにしたらよいのかを見ていくことにしましょう。

ドライプロセス

前章で見たように有機EL素子を作るためには、陰陽両電極の間に電子輸送層分子、発光層分子、正孔輸送層分子の三種類の有機物をサンドイッチしなければなりません。そのためにいくつかの技術的方法が開発されています。その方法はこれらの有機物が分子量の小さい小型の分子、すなわち低分子か、それとも多くの単位分子が連結した高分子かによって異なってきます。

低分子系の発光分子を用いる場合には電子輸送層分子、発光層分子、正孔輸送層分子を、互いに分離された薄膜として重ねなければなりません。この場合には分子を加熱して融かして液体状態としたり、あるいは溶剤に溶かして溶液として用いると、各層の境界で分子が混じってしまいます。これでは明瞭な画質は期待できません。

低分子を使う場合には、分子を溶剤を用いない"乾燥"した状態で塗布しなければなりません。そのために開発された方法が**ドライプロセス**です。

・真空蒸着法

ドライプロセスの典型的な方法が**真空蒸着法**です。この方法は、プラスチックフィルムなどに金属の薄膜を蒸着して気密性の高いラミネートフィルムなどを作るときに用いられる方法です。

高真空の箱の中で有機分子を加熱することによって気化させ、それを冷却したガラスに付着させて膜状にするものです。高真空のため、それほどの高温にしなくても有機分子が気化するので、実用性の高い方法です。

真空蒸着法

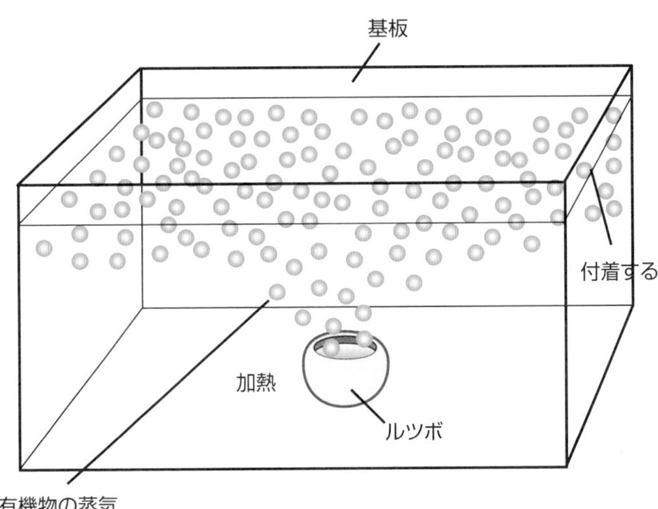

・**スパッタリング蒸着法**

最近は真空蒸着より**スパッタリング蒸着法**がより一般的となっています。これは真空蒸着の一種ですが、アルゴンArなどの希ガス元素や窒素原子Nなどに高電圧をかけてイオン化させ、それを有機分子の表面にぶつけて有機分子を強制的に飛び出させるのです。この有機分子をガラス基板に付着させて薄膜とします。この方法は、蒸着源になる有機分子を高温に加熱する必要がないという利点があります。

しかし、有機分子は多くの原子間の結合を含む複雑な構造体です。このようなデリケートな構造体に電子による衝撃を与えると結合が破壊される、すなわち分子が分解する可能性があります。

スパッタリング蒸着法は透明電極のように、金属を蒸着するためには優れた方法ですが、有機分子には向いていないようです。有機分子の蒸着には加熱して気化させる**加熱蒸着法**が用いられています。

・リニアソース法

リニアソース法は真空蒸着の実用的な応用法です。これは蒸着させる有機分子を細長い（リニア）加熱容器に入れて、その上を基板を通過させる方法です。すると一度で基板全体に均一な厚さで有機物を蒸着することができます。

さらにこのリニアソースを何個か並列に並べれば、基板上に次々と種類の異なった有機物を蒸着させることができます。つまり電子輸送層分子、発光層分子、正孔輸送層分子を入れた３個の加熱容器を並べれば、１回の操作でこの三種の分子を薄膜として重ねて蒸着することができます。

リニアソース法

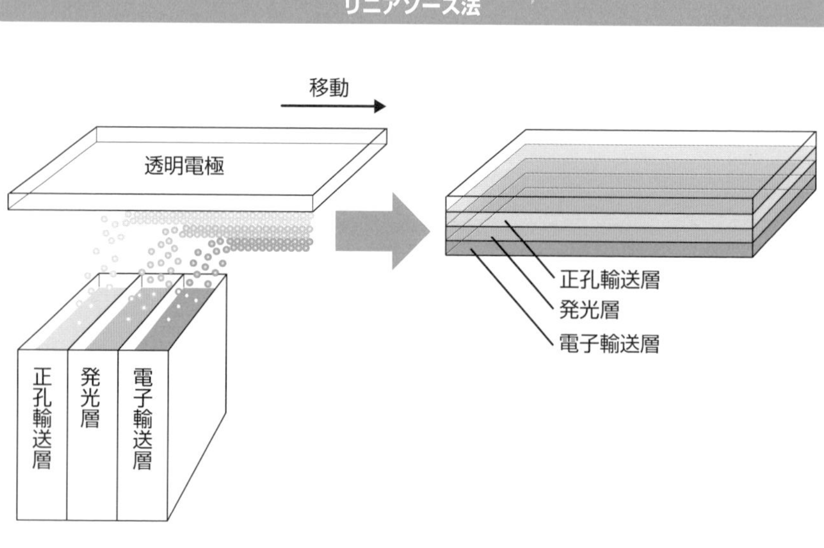

3-2

高分子を用いた素子の作り方

近年、有機EL素子に用いる分子として、プラスチック系の素材の開発が進んでいます。ここではそれらの分子を使った素子の作り方について解説します。

最近、有機EL素子に用いる分子として高分子（プラスチック類）系素材の開発が進んでいます。

高分子系発光材料は、輸送系、発光系を兼ね備えていることが多いです。つまり、異なる材料を何層にも重ね塗りするのではなく、ただ一種類の高分子を塗ればよいという、大変に便利で優れた素材なのです。このような場合には素材分子を液体あるいは溶液として用いることができます。これをウェットプロセスといいます。

スピンコーティング法

ウェットプロセスの1つにスピンコーティング法があります。これは雨に濡れたコウモリ傘を回転させて雨水を飛ばす動作に似ています。すなわち、昔のレコード

スピンコーティング法

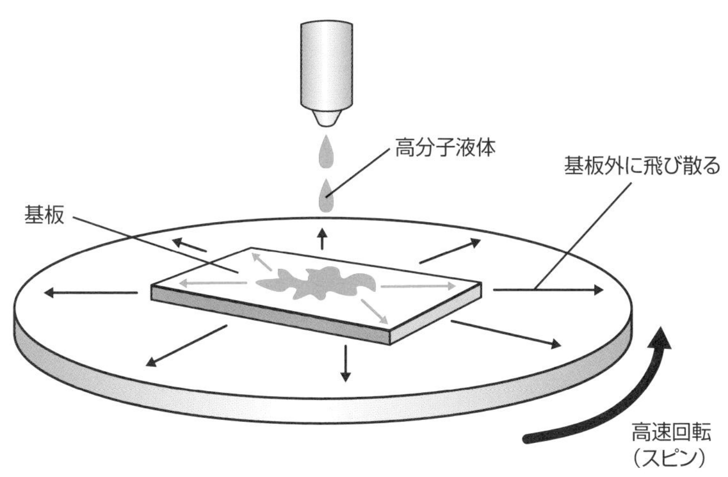

盤のように、基板を高速回転（スピン）させ、その上に高分子液体を滴下し、遠心力で広げるのです。

手軽で効率的な方法ではありますが、高分子材料の多くは基板から飛び散ってしまい、無駄となります。苦労して開発した高価な材料をこのように無駄にしては大変です。この方法は簡単で便利ですが、研究用ならともかく、営利目的の量産手段としては非経済的な方法ということになるでしょう。

インクジェット法

パソコンのプリンターなどの印刷技術に用いられている**インクジェット**方式によって高分子液体を必要部位に塗布する技術です。きわめて精密な位置制御がで

インクジェット法

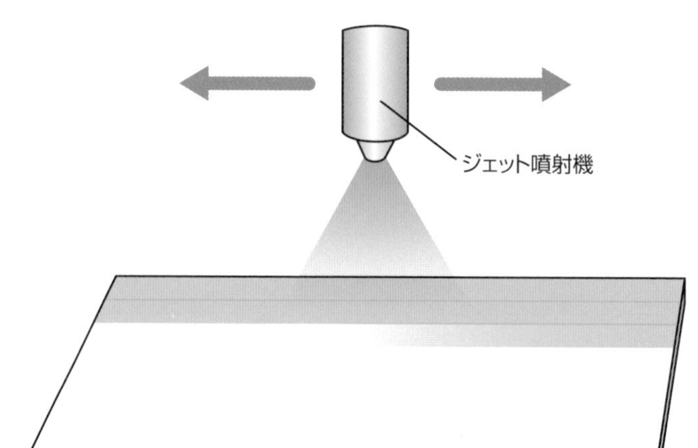

き、高分子発光層分子ができたらすぐにでも応用できるだけの、成熟した技術といえます。

高分子液体は印刷インクと同じ特性を備えた液体、あるいは印刷インクそのものといってもよいような素材です。したがって、高分子液体の塗布に印刷技術が利用できないはずはありません。現代の印刷技術はほぼ完成した技術であり、各種の印刷法が利用できそうです。現在、そのなかでも特に有望と見なされているのは**凹版印刷法**、**グラビア印刷法**です。これは印版に凹みを作り、そこにインクを入れて印刷する方法で、美術印刷などに用いられる印刷技術です。

陰極作成法

有機ELの素子では陰極も蒸着法で作ります。すなわち、有機物薄膜の上に金属を蒸着するのです。画面を構成する素子を駆動するには3-4で見るマトリックス方式を用います。この方式のためには陽極（ITO電極）と陰極（蒸着金属薄膜）を互いに直交するリボン状にする必要があります。問題は陰極の金属薄膜をリボン状に加工することです。これには二通りの方法が考えられます。

A：有機物薄膜の上に金属を一面に蒸着したのち、金属薄膜だけを線状に掻き取る

B：シャドウマスクで不必要な部分を隠して蒸着する

ただしAは金属薄膜を掻き取るときに有機物薄膜を傷つけるので、実際にはシャドウマスク方式が採用されているといいます。

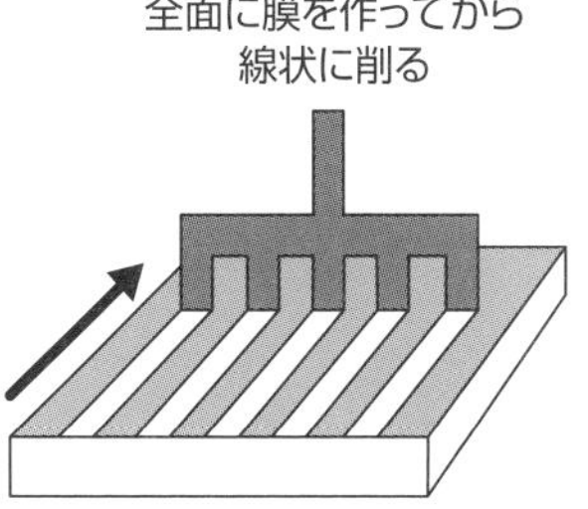

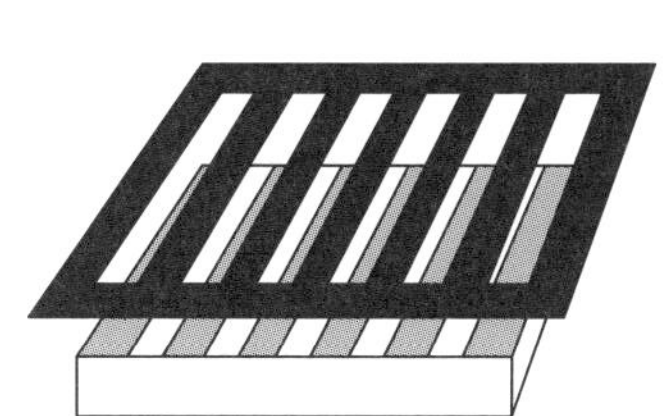

3-3

カラー表示の原理

ここでは有機ELを使ってディスプレイをカラー化する方法について解説します。そのための方式も複数ありますので、1つひとつ見ていきましょう。

前項で有機EL素子の具体的な作り方を見ました。しかし、この方法ではディスプレイの画面に現れる色彩は、発光層分子として用いたただ一種の分子の発光色に限定されてしまいます。つまりモノクロです。これでは現代のディスプレイに用いることはできません。ディスプレイをカラー化するにはどうしたらよいのでしょうか？

カラーフィルター方式

これはもっともわかりやすいカラー化の方法です。**カラーフィルター方式**は芝居のカラー照明の方法と同じで、常に白色光の光源を点灯しておき、その前面に場合に応じて赤、青、緑の「光の三原色」のフィルターをかけるのです。

カラーフィルター方式

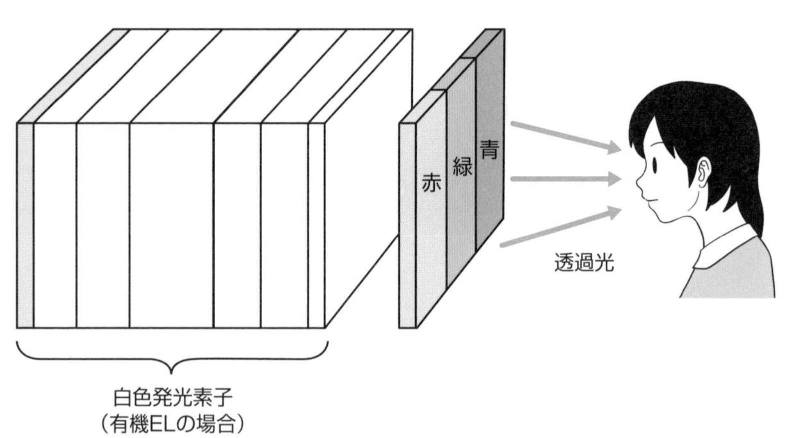

この方法は液晶ディスプレイやプラズマディスプレイなどにも用いられる方法です。つまりディスプレイの画面は100万とか1000万とかの微細な画面に分割されていますが、それをさらに三分割するのです。そして三分割したそれぞれの超極微細画面に赤、青、緑のフィルターをかぶせます。

あとは、各超極微細画面の輝度を電気的に調整すれば任意の色彩を表現することができるというわけです。原理的にはきわめてわかりやすい話ですが、これを実際に行って画面を作り、その全画面を完全独立的に調節するなど、"悪魔の仕業"か？と思ってしまいますが、それは電気音痴な化学者の世迷い言で、電気関係の方には造作もない、あたり前のことなのでしょう、きっと……。

三色発光方式

有機ELの最大の利点の1つは、色彩をもった光を発光することができるということです。つまり、フィルターなどという夾雑物（きょうざつぶつ）なしにカラー光を操ることができるのです。この方式を**三色発光方式**といいます。三色発光方式は文字どおり光の三原色である赤緑青の三原色を発光させ、その強度を独立に制御することで天然色を再現しようという方法です。

三色発光方式

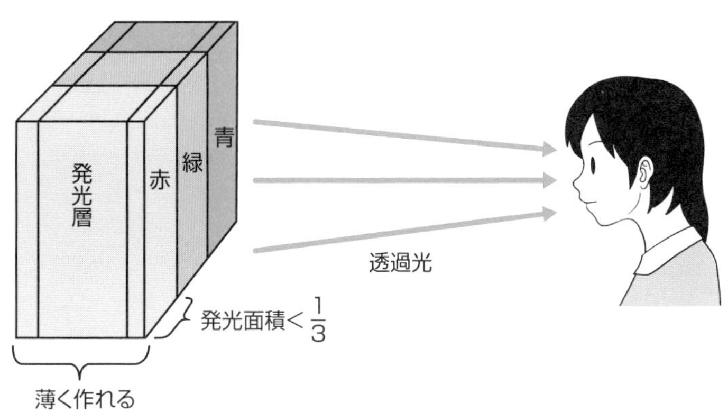

有機ELの強みは、白色を除けばほぼ好みの色をもつ発光体分子を合成できることです。そこで1つの素子を、三原色に近い3色の発光体分子で塗り分け、それぞれの部分を独立に発光させます。原理的にはもっとも単純であり、技術的にも単純な方法ですが、実際に作成しようとすると問題がないわけでもありません。

化学的な問題は三原色を担う発光体分子の寿命です。3種の発光体の発色強度がそろっている場合にはバランスのよいカラー表示となりますが、どれか1つの発色体分子が劣化するとただちに色のバランスが崩れてしまいます。

三色積層構造

前項の方法ではカラー表示にするための三色発光層分子を横に並べました。この方法では、たとえば画面が赤に見えるとき、実際に赤く光っているのは画面の三分の一弱（セルの境界部分は光らない）にすぎないことになります。

この方法を改良して解像力を向上するにはどうしたらよいのでしょうか？　画面の実発光面を広げる方法はないのでしょうか？　簡単です。三色発光体を前後に重ねればよいということになります。これが**三色積層構造**です。

三色積層構造

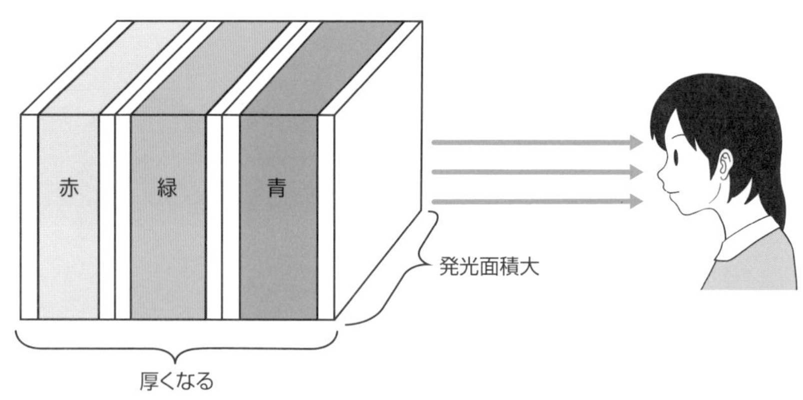

問題は制御システムです。３色の層をそれぞれ独立に制御しなければならないので、各色層に電極を対応させなければなりません。そのため、３色の発光層分子の間に透明電極を挿入する必要があります。これは次のような問題を生じることになります。

① 光が何層もの発光体、透明電極層を通過しなければならないので発光体の輝度を高めなければなりません。輝度を高めるには通電量を多くすればよいのですが、そうすると発光体分子の寿命は短くなります。つまり色バランスの崩れが速くなります。
② 層の数が多くなるのでその分画面が厚くなり、重量は重くなります。
③ 透明電極の枚数が多くなるので費用はかさみ、製作の工程も多くなるので製品が高価となります。

色変換方式

有機EL素子において、カラー化を実現する方法に**色変換方式**という技術があります。これは蛍光剤を用いる方法です。つまり、青色を出す素子を３分割し、１区画には蛍光剤を塗りませんが、ほかの２区画にはそれぞれ、赤、緑を出す蛍光剤を塗ります。このようにすると青、赤、緑の光を出すことができるというわけです。

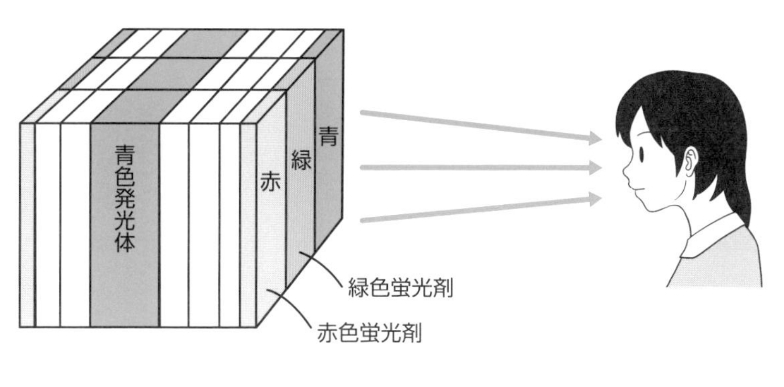

3-4

画面表示の原理

有機EL素子は、通電することで発光します。ここでは標的の素子だけを通電する2つの方法、すなわち画面表示の原理について解説します。

有機EL素子は通電しなければ黒いままであり、通電することによって白あるいは色鮮やかに明るく発光します。したがって、素子を何万個も平面状に並べて、適当な素子に選択的に通電すればモザイク状に画面が表示されるのはわかります。問題はどのようにして標的の素子だけに通電するかということです。それにはパッシブマトリックス表示とアクティブマトリックス表示といわれる二種類があります。

パッシブマトリックス表示

先に見たように、有機EL素子は発光に関係した有機分子は電極の間にサンドイッチされるように配置されます。そして、視聴者は透明電極と輸送層分子を透かして発光層分子の出す光を観察します。

素子を集合させたディスプレイパネルでは、パネルの前面と裏面に配線しますが、これを前面と裏面で直交するように配線します。図のようにたとえば前面では横に配線したとしましょう。この場合、1の配線は最上位の素子すべてに通じています。

パッシブマトリックス表示の仕組み

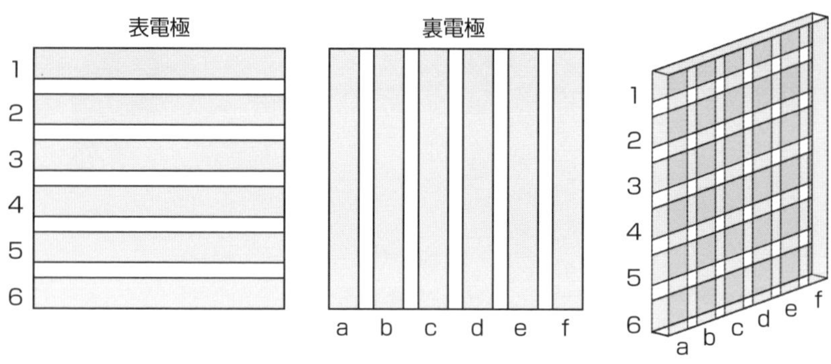

反対に裏面では縦に配線します。この場合aの配線は左端のセルすべてに通じています。

今、①2bに通電すると実際に電気が流れる素子は左上の素子１個だけであり、ここだけが明るくなります。また②2cに通電すれば図に示した箇所だけが明るくなります。

次に③2bcdeと通電すれば４個のセルが連続して明るくなり、直線が表示できます。④2bcdeと通電して明るい線を表示した後、ただちに5bcdeと切り替えると画面上では最初の線は消え、新しい線が現れます。

パッシブマトリックス表示の残像の利用法

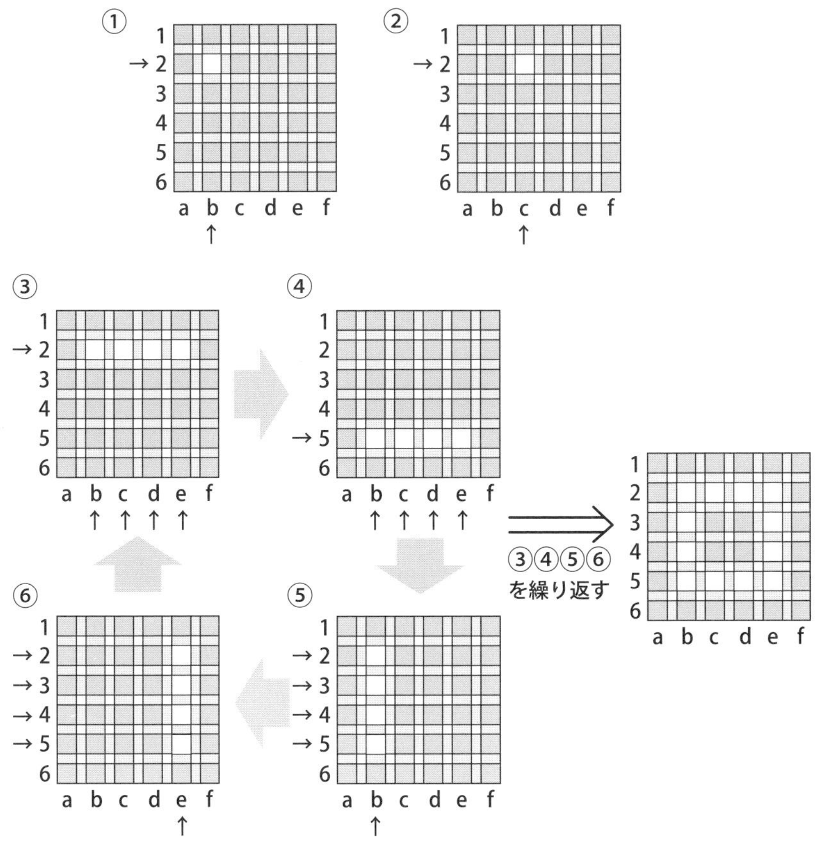

残像の利用

しかし、2bcde～5bcdeと急速にスイッチを切り替えると、目に残像が残り、あたかも画面上に２本の線が同時に現れているように見えます。

さらに⑤2345bと⑥2345eを加えると、合計４本の線が残像として目に残り、結局四角が見えることになります。

このように、交差状の配線と、残像現象を利用して目に錯覚を起こさせて画像を見せるのがマトリックス表示の基本原理です。この表示法は有機ELディスプレイだけでなく、すべてのディスプレイに使用される基本的な通電技術です。

アクティブマトリックス

パッシブマトリックス方式では１つの素子が光っている時間は、スイッチが入って次に切り替えられるまでのいわば一瞬の間だけです。すなわち、画面全体の輝度を考えるとそれは部分的な素子が瞬間的に光っているだけであり、画面全体が一度に光ることは決してありません。

このような画面を明るく見せるためには個々の素子に大電流を流して強く発光させる必要があることになります。この結果は消費電力が大きくなるばかりでなく、有機分子の寿命を短くするということにもつながり、決してよいことではありません。

パッシブマトリックスのこのような短所を克服するために開発されたのがアクティブマトリックス方式です。これはスイッチが切り替わったあとも一定時間の間素子を光らせ続けるものであり、パネル全体で見ると単位時間あたりで発光している素子の個数がパッシブ方式に比べて数百倍（正確には走査線の本数倍）になります。したがって、小電流で大きな輝度を得ることができ、有機物の寿命が延びることにつながります。

しかしアクティブ方式には構造的な問題があります。この方式は素子の１つひとつにスイッチと電流を操作するTFT（薄膜半導体）とデータを記憶するためのキャパシタを設置しなければなりません。これは素子の一部に光らない部分があることを意味し、素子の開口部が小さくなることになります。当然、そのぶんだけパネル全体の輝度が低くなります。さらに、構造が複雑となり、製造コストは高くなります。

パッシブ方式とアクティブ方式は一概にどちらが優れているということはありません。一般にパネルが小さい場合にはパッシブマトリックス方式でも美しい画面が得られることから、現在の有機ELではパッシブ方式が優勢のようです。

パッシブマトリックス方式とアクティブマトリックス方式の違い

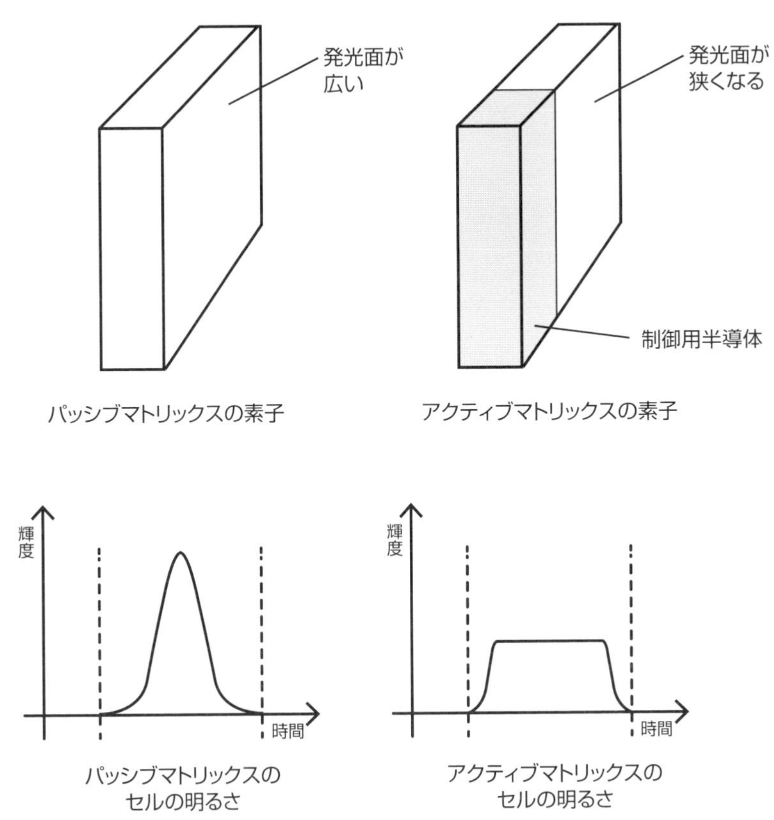

3-5 有機ELディスプレイの長所と短所

有機EL素子の発光の原理についてひととおり学んだところで、液晶型やプラズマ型と比べ、どのような長所、短所があるのかを見ていきましょう。

長所

有機ELを研究してきた研究者がいうと自画自賛のように聞こえるかもしれませんが、有機ELの基礎研究は日本が世界をリードしていたといってよいでしょう。しかし実用化では後れをとりました。その理由には、市場が液晶ディスプレイで満足していた、有機ELで大型ディスプレイを作るのが困難だった、企業の経営者が有機ELに無関心だったとか、いろいろあったでしょう。

しかしついにそのような日本にも有機ELの波が押し寄せてきました。今後、有機ELと液晶と、どちらが市場に受け入れられるようになるのか興味深いところですが、それにしても有機ELの長所はなんでしょうか？

有機ELの最大の長所は有機分子が発光するということです。しかも光の三原色を出すことができます。液晶は自分では発光できません。発光パネルの力を借りなければ画面表示はできません。プラズマは蛍光灯の集合体のようなものですから、自分で光の三原色を出すことができます。その点では有機ELと似ていますが、発光体の大きさが違います。分子の厚さは極薄です。蛍光灯がどんなにがんばっても分子の大きさには決してなれません。

ということで、有機ELの長所は

① 自前の発光による画面の鮮明さと色彩の鮮やかさ
② 構造が単純なことによる軽量化
③ 発光体が分子であることや、発光パネルが不要なことによる薄型化
④ 材料が有機物であることによる柔軟化

などが挙げられます。

特に注目されるのが柔軟化で、これはコマーシャルやいろいろなデモンストレーションで見るとおり、球形にすることも、自動車のボディに沿って貼ることも自在です。今後、見るときは引き伸ばし、不要のときは巻き上げる巻き取り式の有機ELテレビは増えていくことでしょう。

巻き取り式有機ELディスプレイ

2020年10月、LG電子が世界に先駆けて発売した巻き取り式の有機ELテレビ「LG SIGNATURE OLED TV R」。お膝元の韓国では1億ウォン（日本円で約930万円）で発売された（出典：LG プレスリリース）

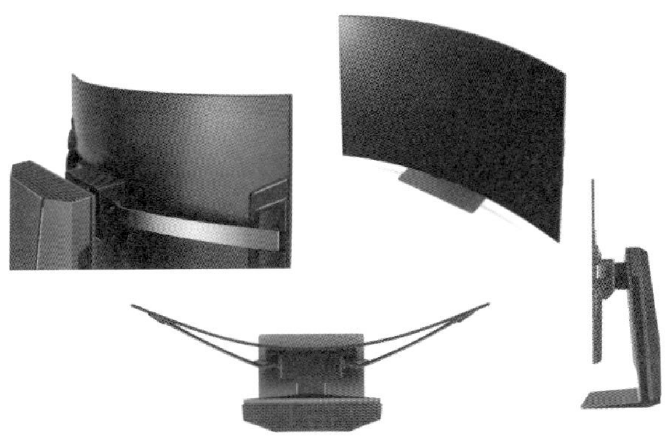

2023年1月にLGエレクトロニクス・ジャパンが日本で発売を開始した、自由に曲げられる有機ELテレビ「LG OLED Flex」。20段階で曲率を調整することができ、価格も約44万円と50万円を切るまでになった
（出典：LGエレクトロニクス・ジャパン プレスリリース）

短所

有機ELには短所もあります。それは有機物の宿命ともいわれることですが、強度が低いということです。有機物は一般に熱、光、湿気、薬品に弱いです。ひどい場合にはカビが生えます。

しかし一方、プラスチックが環境を汚すといわれるのは、その頑丈さゆえです。プラスチックは熱にも光にも海水にも微生物にも負けずに環境中で生き残っています。したがって、有機ELのひ弱さも近い将来かならず克服されるでしょう。もっとも簡単な方法は素子全体を頑丈なプラスチックでコーティングすることです。

有機ELの安定性

有機ELは大変に優れた表現手段ですが、短所もあります。それは本文でも書いた耐久性です。一般に有機物は燃えやすく、湿気に弱く、とても金属や石材のような耐久性はないように思われがちです。

しかし果たしてそうでしょうか？　金属は錆びますし、曲がって変形します。石材は割れてしまいます。有機物はどうでしょうか？ 伊達正宗の副葬品に使われたもので当時の姿のままに残っていたものは漆塗りの木製品だったといわれます。漆は天然高分子、プラスチック、つまり有機物です。

プラスチック廃棄物が環境汚染物質といわれるのはその丈夫さのためです。有機物は作り方によっては、ナイフでも切れず、ライフル銃の弾丸をも食い止めるほど丈夫に、また自動車のエンジンまわりに使うことができるほど耐熱性を高めることもできます。

有機EL素子そのものを丈夫にしなくても、素子をこのようなプラスチックでカバーしたら、問題はなくなるでしょう。第一、液晶分子は典型的な有機物です。その液晶テレビが、液晶分子の劣化のおかげで機能しなくなったという例は聞いたことがありません。

有機物は弱い、というのは人間が有機物に対してもつ偏見なのかもしれません。

有機ELディスプレイの可能性

有機ELは最新のディスプレイアイテムです。その可能性はいまだ十分に明かされてはいません。これから徐々にその能力と応用範囲が広がることでしょう。それにしても現時点で薄型テレビやスマートフォン以外にどのような応用例があるのか考えてみましょう。

●面発光（有機EL照明）

有機ELのすごいところは発光層分子を電極の上に塗れば、その部分一面を発光させることができるということです。これは広い面積を一挙に一様に光らせる、つまり面発光がいとも簡単にできるということです。

人類がこれまでに開発した発光器は白熱電灯やLEDのような点光源と蛍光灯やネオンサインのような線光源だけでした。液晶ディスプレイの発光パネルのように面光源がほしいときには点光源や線光源を集積して面光源に近づけていました。

面光源の有機EL照明が本格的に普及し始めたら、オフィスや家庭の照明に革命が起きるのではないでしょうか。また舞台芸術、ショーウィンドーの飾りつけなどに大きな変化が現れてくることでしょう。

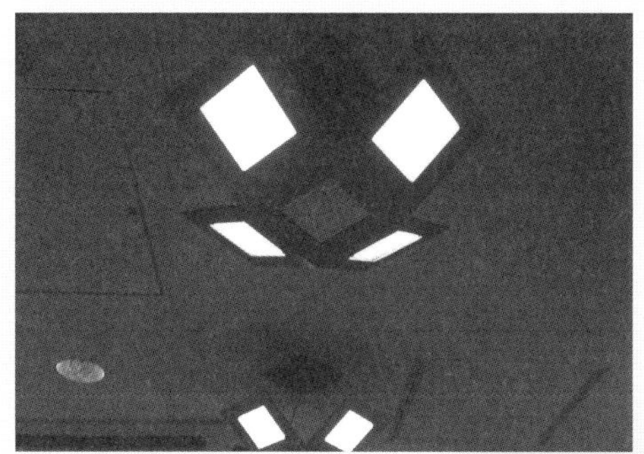

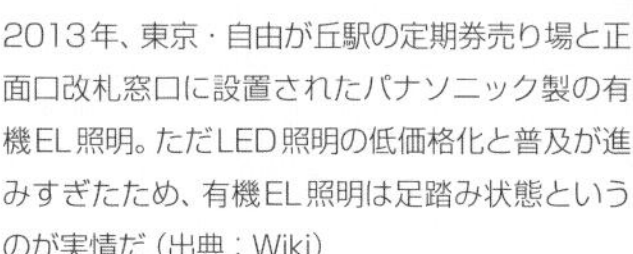

2013年、東京・自由が丘駅の定期券売り場と正面口改札窓口に設置されたパナソニック製の有機EL照明。ただLED照明の低価格化と普及が進みすぎたため、有機EL照明は足踏み状態というのが実情だ（出典：Wiki）

●迷彩色

有機ELの能力はどのような曲面にも応用可能ということです。球面をテレビ化した試作品はすでに誕生しています。ということは自動車、戦車にも応用可能ということです。戦車の表面をテレビ化して、ジャングルや砂漠の映像を表したらどうなるでしょう？　これは究極の迷彩色ではないでしょうか？

背中一面が有機ELでできた洋服を着た人が、胸にカメラを設置し、そこで撮影した前方の景色を背中の画面に表したら、その人の姿は景色に溶け込んでしまいます。つまり疑似透明人間の誕生です。

●異空間への移住

四方の壁はもちろん、床、天井の六面すべてを有機ELにした部屋を作ったらどうでしょう？　この6面にハワイの景色、打ち寄せる波、輝く空を映したらどうなるでしょう？　ハワイの海岸に憩う雰囲気を楽しむことができるのではないでしょうか？

この技法を使ったら、自分の部屋を今日はワイキキ海岸、明日はアマゾン流域、あさっては中世の街並みなど、気分にあわせて変えることができます。

これらは可能性のほんの一例にすぎません。有機ELはテレビやスマホに閉じ込めるにはあまりにもったいない技法です。

▼360度パノラマ

第4章

液晶分子の性質と挙動

有機ELに続き、現在ディスプレイの主流となっている液晶について解説していきます。液晶とはなにか？ どのようにして発見されたのか？ そして液晶ディスプレイを作るうえで重要な働きをする2つの特徴、配向性と光透過性の問題について解説していきます。

4-1

結晶・液体・気体・液晶

液晶ディスプレイは液晶を用いたディスプレイ……。ではその液晶とはなんなのでしょうか？　ここではその基礎について学んでいきましょう。

液晶ディスプレイは文字どおり**液晶**を用いたディスプレイです。といわれてもなにもわかりません。そもそも液晶とはなんなのでしょう？　液晶ディスプレイというからには液晶が画面を表示するのではないでしょうか？　それなら、有機ELの発光層分子のように液晶が光って発光するのでしょうか？　液晶とはなんでしょう？

物質の状態

水は低温で固体（結晶）の氷、室温で液体の水、高温で気体の水蒸気となります。このような結晶、液体、気体のことを**物質の状態**といいます。実は状態には結晶、液体、気体以外の状態もあります。そのため、この３つの状態を特に**物質の三態**と呼ぶこともあります。

物質の三態

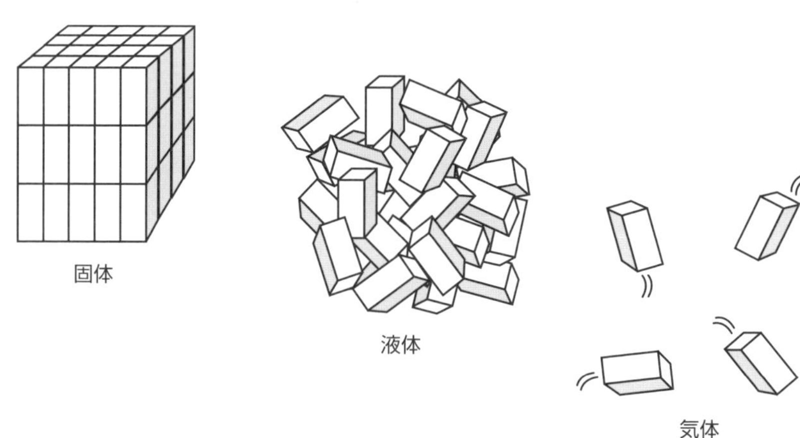

図は分子を模式的に直方体として三態を模式的に表したものです。結晶ではすべての分子がぴったりと寄り集まって規則的に積み重なっています。液体では結晶が崩れていますが、分子間の距離は結晶状態と大きくは変わっていません。分子は互いに位置を交換するようにして移動しています。ところが気体になると分子間の間隔は大きく開き、分子は互いに高速で飛び回っています。

液晶状態

下の表は分子の集合状態をわかりやすく表したものです。結晶状態では分子は位置と方向（配向）の両方を規則正しくそろえて集合しています。ところが液体になるとこの2つの規則性は両方とも失われています。ということは、結晶と液体の間には、2つの規則性のうち、片方が残った状態があることを示唆しているようです。

つまり、①位置の規則性はあるが方向の規則性がなくなった状態と②位置の規則性がなくなって方向の規則性は残った状態、という特殊な状態が実際にあるのです。このうち①を**柔軟性結晶状態**、②を**液晶状態**といいます。つまり本章で扱う液晶というのはこの状態の分子のことをいうのです。

状態と分子配列

状態		結晶	柔軟性結晶	液晶	液体
規則性	位置	○	○	×	×
	配向	○	×	○	×
配列模式図					

液晶分子

ここで重要なのは、「液晶」という言葉は分子の種類を表す言葉ではないということです。「結晶」や「液体」という言葉が特定の分子を表す言葉でないのと同じように、「液晶」という言葉も特定の分子を表す言葉ではありません。

水が温度によって結晶になったり液体になったりするように、ある種の分子は温度によって結晶になったり、液体になったり、液晶になったりするのです。つまり、液晶というのは結晶と同じように、ある特定の温度領域にかぎって現れる分子の集合状態の1つなのです。

しかし、水が液晶状態にならないのと同じように、多くの分子は液晶状態をとりません。ある特殊な有機分子だけが液晶状態をとります。そこで、このような液晶状態をとることのできる分子を特に**液晶分子**ということがあります。一般に液晶分子は長い紐状の分子のことが多いです。典型的な分子構造を図に示しました。

液晶分子の構造

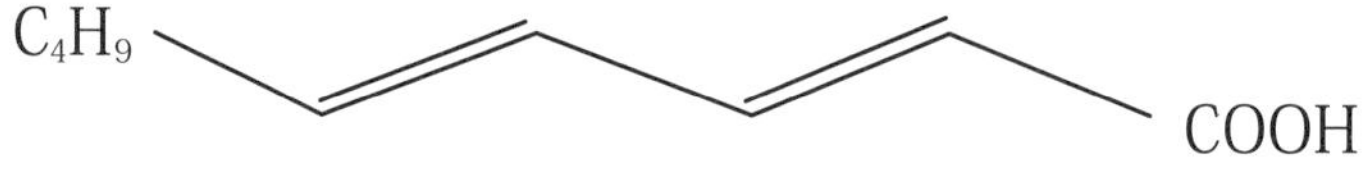

C_4H_9

COOH

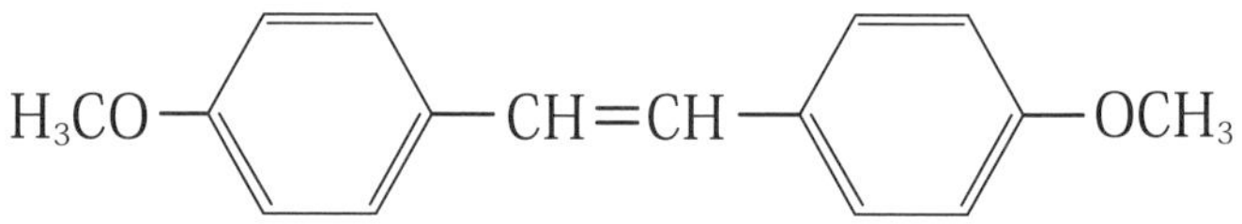

H_3CO

CH=CH

OCH_3

4-2

液晶の性質

液晶が発見された経緯には実におもしろいものがあります。ここではその経緯となった化学の現象について見ていきましょう。

液晶が発見されたのは19世紀末のことで、オーストリアの植物学者がコレステロールを研究しているときに発見しました。発見の契機はコレステロールが2つの融点をもっていたからでした。2つの融点とはなんのことをいうのでしょうか？

液晶分子と温度

図は、普通の有機分子と液晶分子の状態の温度変化を表したものです。普通の有機分子は低温で固体の結晶、融点以上の温度では流動性がある透明な液体、そして沸点以上の温度で気体になります。ところが液晶分子は結晶を温めて融点になっても、流動性は出てきますが、透明にはならない状態となります。この状態が液晶状態なのです。そしてさらに温度を上げて透明点になると透明な液体になります。もちろん、さらに温度を上げれば気体になります。しかし、その前に分子が熱分解してしまうこともあります。

普通の有機分子と液晶分子の状態の温度変化

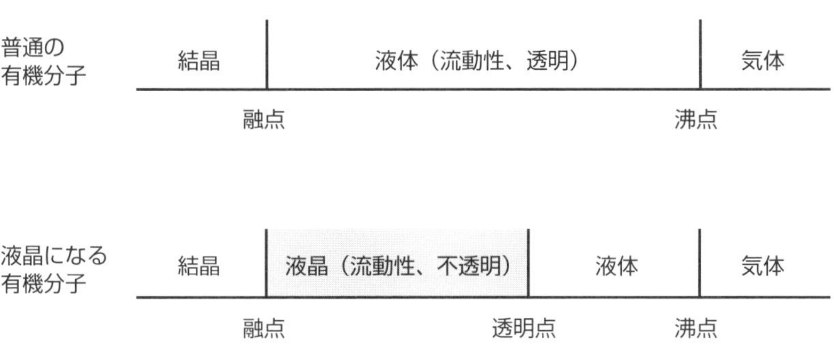

つまり、液晶状態というのは、融点と透明点の間の特定の温度範囲にだけ現れる分子の特殊な集合状態なのです。

小川のメダカ

液晶状態の分子は方向の規則性は保つが、位置の方向性は失っていることを説明しました。これは具体的にはどのような状態を指すのでしょうか？

液晶状態の分子の挙動を端的に表すのは小川を泳ぐメダカでしょう。小さくて泳ぐ力の弱いメダカは常に上流を向いて泳いでいないと流されてしまいます。つまり、流れの上流を向いているという意味で方向に規則性があります。

しかしメダカとてエサは捕らなければなりません、そのエサは常に上流から流れてくるものではありません。メダカも上流を向いたまま巧みに左右に移動してエサをとります。この意味で位置の規則性は失われているのです。

とはいっても液晶分子もいろいろあり、それにともなって液晶状態にもいろいろあります。本項で紹介した液晶は一般に**ネマチック液晶**といわれる種類であり、典型的な液晶といえるものです。

小川のメダカの規則性

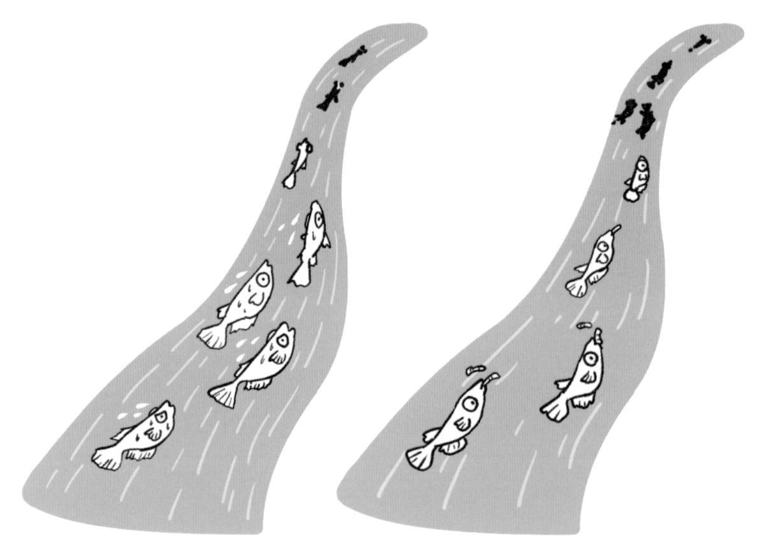

液晶発見の背景

文献によれば、液晶が発見されたのは1888年、オーストリアの植物学者ライニッツァーによるものでした。彼はコレステロールについて研究していました。

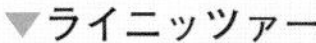

▼ライニッツァー

出典：Wiki

●液晶の発見

あるとき、コレステロールの安息香酸エステルの結晶を加熱していると、不思議な現象に出合いました。この結晶を加熱すると、145.5℃で溶けて白く粘り気のある液体になり、178.5℃で透明になったのです。つまり2つの融点が存在することを発見し、これを当時の学会誌に報告しました。

しかし、実はこの現象を初めて発見したのはライニッツァーではありませんでした。もっと前からこの現象は観察されていたのです。ライニッツァー自身がその報告のなかで数人の研究者が2つの融点を観察していたことを記しています。

つまり、この物質が2つの融点をもっていることは多くの研究者がすでに知っていたのです。それではライニッツァーが報告するまで、なぜ誰も正式に報告しなかったのでしょうか？　それは、ほかの研究者は、2つの融点が存在することは知っていたけれど、不純物のせいだと思い込んでいたからです。

純粋な安息香酸コレステロールエステルを使って調べたのはライニッツァーが初めてだったのです。だからライニッツァーはこの現象が不純物によるものではなく、安息香酸コレステロールエステルそのものの特殊な性質であると確信できたのです。

これは実験に携わる研究者が心しなければならないことです。ともすれば、研究に使う試薬のうち、市販されているものはそれですませることがほとんどです。しかし、その試薬が純粋なものであることを担保するのは市販会社のデータだけです。

日本での話ではありませんが、昔海外の研究室で研究していたとき、世界的に有名な某試薬会社から25g瓶の液体試薬を取り寄せました。なにげなく茶色の瓶を見るとなにやら固形物が……。よく見るとナント小型の蝿です。ありえないことと思って上司の教授に見せると、ナント、ニヤッと笑って「会社に注意しておく」、それだけでした。

●実験研究の心がけ

実験は再現性がなければなりません。1回きりの成果では批判が耐えないのは問題となった「STAP細胞」の例でよくわかります。そして再現性を担保するには、実験に用いた試料、試薬が再現性に耐えるもの、つまり、純粋品でなければなりません。

不純物が混じっているかもしれない、だから測定データも疑わなければならない。こんな姿勢では真面目な研究などできるものではありません。

実験とそのデータには実験を行った人の人間性と人生観が表れるといってもよいでしょう。最近の捏造データの多さを見ると、「日本の科学研究に未来はない」といっているように思えてなりません。

4-3

液晶分子の配向

液晶分子には、配向という、きわめて不思議な性質があります。ここではその配向をコントロールする方法について解説します。

液晶状態の特徴は、分子が位置を変えて流動はするものの、その分子が向いている方向は常に一定という不思議な性質です。一体、液晶分子はどの方向を向くのでしょうか？　その方向を人間は自由に変えることができるのでしょうか？

配向の物理的制御

液晶分子の方向は、ある程度自由に制御することができます。簡単な制御法は、液晶分子を壁面に擦り傷のあるガラス容器に入れることです。するとすべての液晶分子は方向をこの擦り傷にあわせて並んでしまいます。

配向の物理的制御

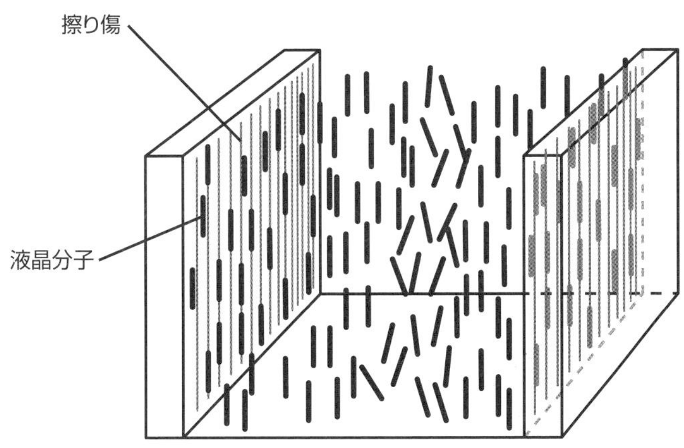

イジワル？ をして向かいあう両面の傷の方向を90度ねじると、液晶分子も身を捩って、ラセン階段のように並びます。これは次章でトゥイステッドネマチックセルとして液晶ディスプレイで用いることになります。

この配向は不思議であり人為的な操作を加えないかぎり現れないように思えるかもしれませんが、最初に発見されたコレステロールの液晶状態は、まさしくこのようなラセン状態のものでした。以来、このような配向をもつ液晶は**コレステリック液晶**と呼ばれています。

コレステリック液晶

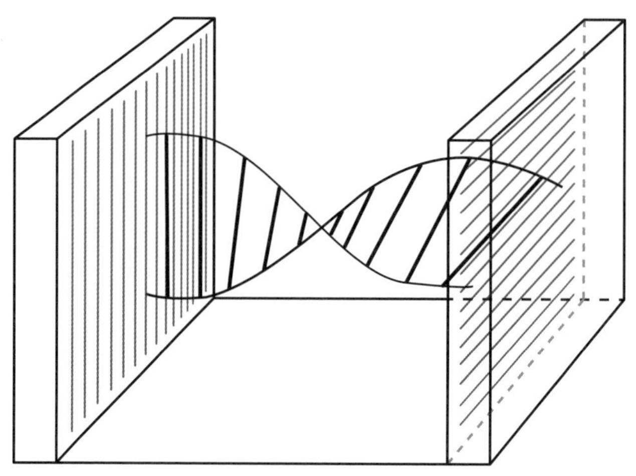

配向の電気的制御

液晶状態の性質で特に重要なのは液晶分子の配向を電気的に制御できるということです。これは次章で見る液晶ディスプレイの作成にとって決定的に重要なことです。

液晶を入れたガラス容器の、擦り傷のあるガラスを擦り傷のある透明電極に変えてみましょう。電気を通さない状態では、液晶分子は透明電極の擦り傷にあわせて配向します。しかし、電極に通電すると分子は電流の方向に向きを変えます。

この変化は可逆的であり、スイッチを切るともとの傷の方向に配向を変え、スイッチを入れるとまた変化します。この変化を何万回でも飽きることなく繰り返します。このように液晶分子の配向は電気によって自由に制御できるのです。

配向の電気的制御

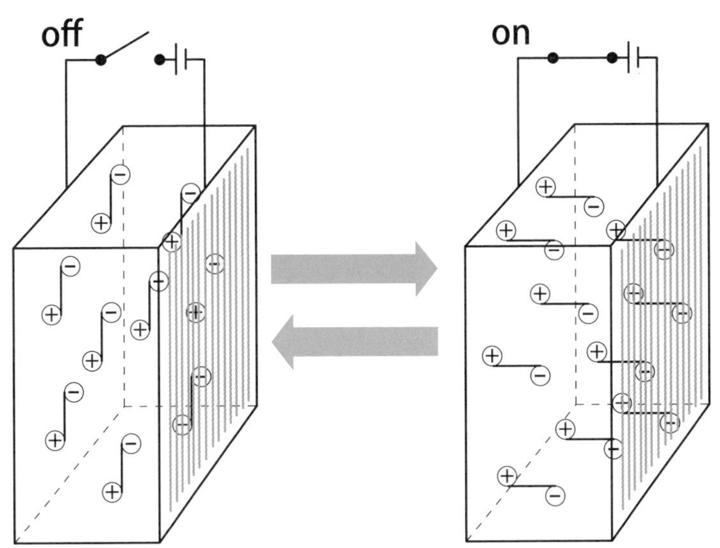

4-4

液晶と光透過性

配向の問題と並び、液晶にはもう１つ光透過性の問題があります。液晶ディスプレイを作るときに重要な働きをするこの光透過性について見ていきましょう。

偏光

先に、液晶分子の結晶を加熱すると、融点で融けて液体と同じ流動性が出るが、液体のように透明ではないと言いました。この"透明ではない"というのは、水のように透明ではない、という意味で墨汁や液体ヨーグルトのようにまったく光を透過しないという意味ではありません。薄い牛乳のように濁っている、というような意味です。それは、液晶は入射した光の一部だけしか透過しないからです。

有機ELの項で見たように、光は電磁波であり、横波です。横波ですから、紙面に描いた波のように振動面をもっています。その辺を飛び回っている普通の光は、光子ごとに勝手な方向の振動面をもっています。この振動面を円に描いた直径の方向で表すと、普通の光は円の中に四方八方あらゆる方向の直径を書かなければならないことになります。

偏光

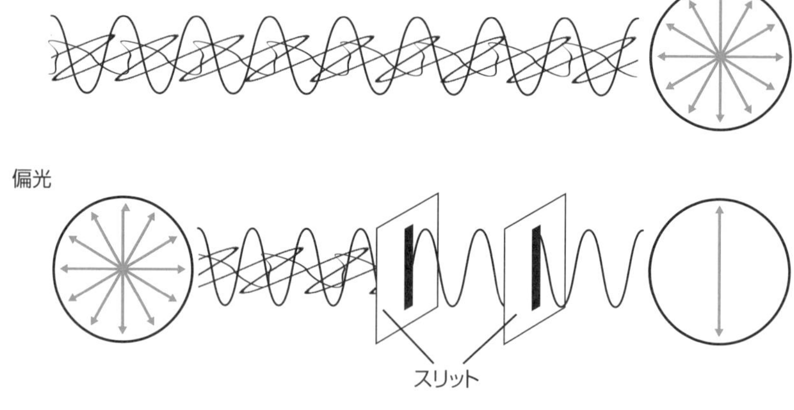

この普通の光を細いスリットを通過させます。念のためにスリットを二重、三重にするとよいでしょう。すると、振動面の方向がスリットの方向と一致する光だけが透過され、ほかの光は遮断されます、このように振動面が一方向にそろった光を偏光といいます。

偏光と液晶

当然ですが、偏光をスリットに通すと、振動面がスリット方向と一致する偏光はスリットを通過できますが、それ以外の光はスリットに遮断されてしまいます。

液晶は偏光に対してスリットと同じ働きをします。つまり、振動面の方向が液晶分子の配向と一致する偏光は液晶を透過できます。この場合、液晶を透過した偏光の振動面は入射した偏光の振動面と同じです。したがって図の観察者には光が届くので液晶は明るく輝いて見えることになります。しかし、そうでない偏光は液晶を透過できません。そのため、液晶は黒く見えます。

一方、配向のねじれた液晶を通過した偏光は、液晶を透過できますが、偏光の振動面は液晶分子と同じ方向にねじれてしまいます。

偏光と液晶

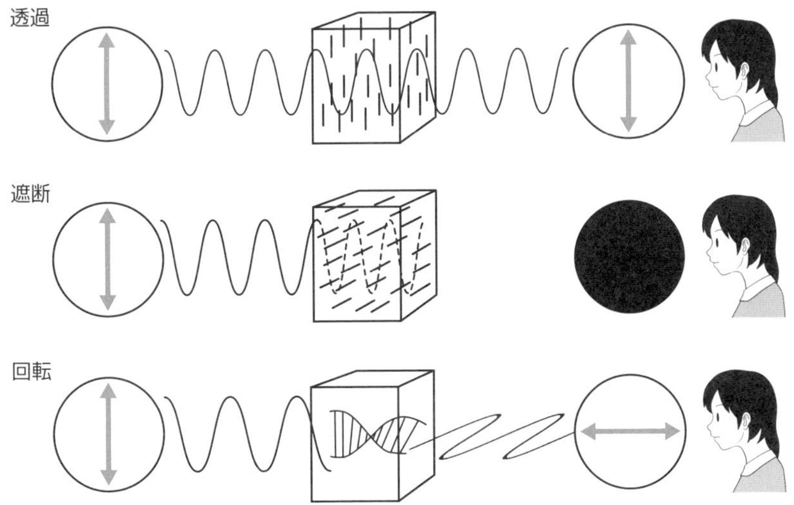

電気による透過性制御

これを利用すると、液晶面を電気制御によって輝かせて白く見せたり、光を透過させずに黒く見せたりすることができます。つまり、図のように透明電極でできたセルに液晶を入れ、そこに偏光を入射します。

すると電気を通さない状態では偏光面と液晶配向がそろっているため、液晶（画面）は白く見えます。しかし電気を通すと液晶配向が回転するため、偏光は通過できず、画面は黒くなってしまいます。液晶ディスプレイはこの原理を利用したものなのです。

電気による透過性制御

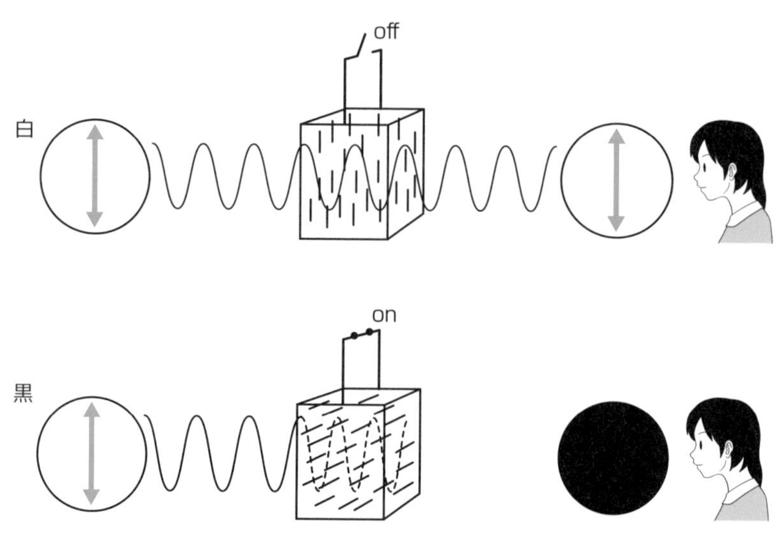

超分子

原子は集まって結合し、構造体である分子を作ります。分子も同じです。集まって結合してより高次な構造体を作ります。そのようなものに高分子と超分子があります。

●高分子と超分子

高分子はプラスチックに代表される化合物で、小さな単位分子が何百個も、時には何万個も結合したものです。高分子の特徴は各単位分子が互いに共有結合していることです。

それに対して**超分子**では、各単位分子は集まっているだけで、結合はしていません。超分子には無数といってよいほどたくさんの単位分子の集合からできたものと、数個、せいぜい10個程度の分子だけでできたものの2種類があります。

●液晶と分子膜

液晶はこの、前者の超分子に該当します。つまり液晶も超分子という高次構造体なのです。液晶のように無数の分子集合体からできた超分子に分子膜があります。これは一分子内に親水性の部分と疎水性の部分をもった両親媒性分子の集まりです。

両親媒性分子を水に溶かすと、親水性の部分を水中に入れ、疎水性部分は空中に残して、つまり水面に並びます。多くの分子が並ぶと、まるで水面に蓋をしたように分子の集団ができます。これを**分子膜**というのです。

分子膜の身近な例はシャボン玉です。シャボン玉の膜は2枚の分子膜が親水性の部分と接するようにして重なったものです。そしてこの接合面に水分子が入ります。このように2枚の分子膜が重

▼分子膜の親水基と疎水基

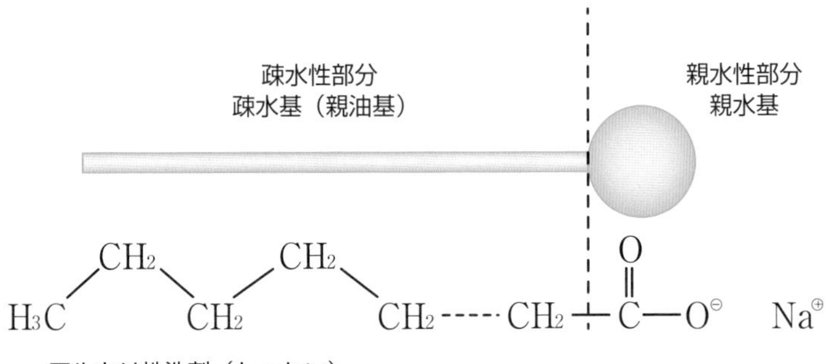

なったものを一般に二分子膜といいます。

分子膜でできた身近なものはもう1つあります。それは**細胞膜**です。細胞膜は油脂分子の一種であるリン脂質でできた二分子膜です。ただし細胞膜の場合には疎水性部分と接して重なります。細胞膜を構成するリン脂質分子の間には結合がありませんから、リン脂質分子は膜内を自由に移動することも、膜から離れることも、また膜に戻ることも自由です。

細胞膜はこのようにルーズなので、水のような小さな分子なら細胞膜を透過して細胞を出入りすることができるのです。また、細胞膜にはコレステロールやタンパク質のような大きい分子を挟み込むこともできます。

細胞膜がこのようにダイナミズムにあふれていることが、生命体のダイナミズムにつながっているのかもしれません。ちなみにウイルスは細胞膜をもたないので生命体とは見なされていません。

▼シャボン玉の構造

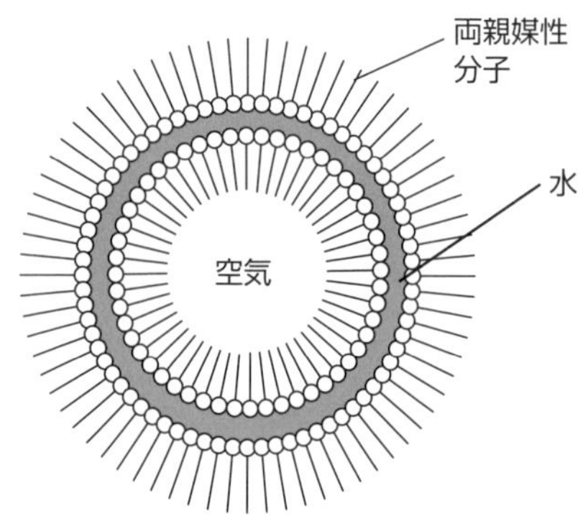

▼分子膜

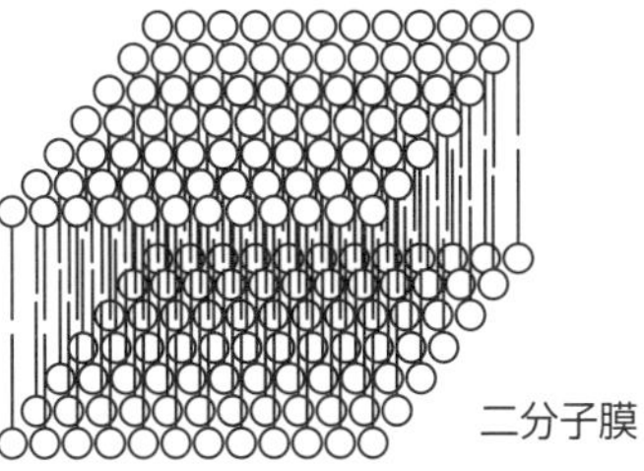

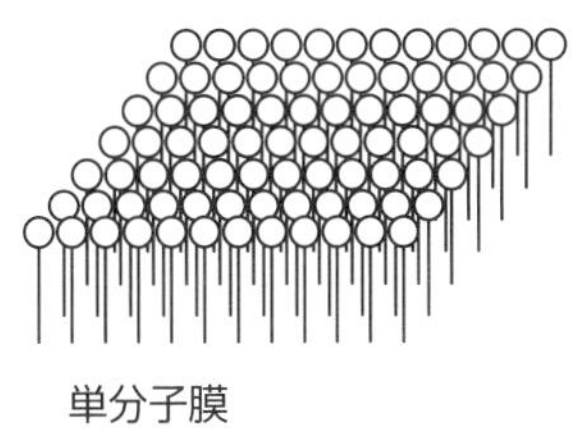

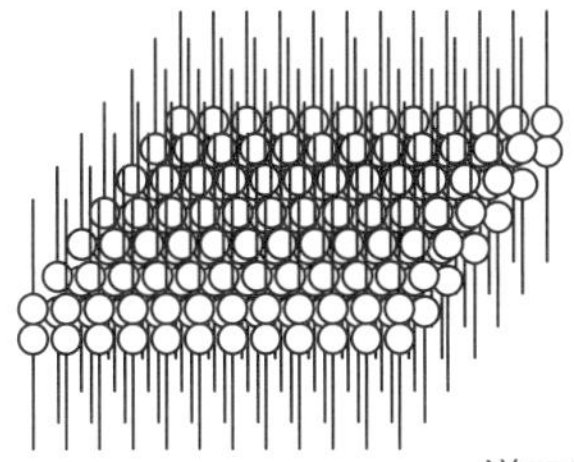

▼細胞膜

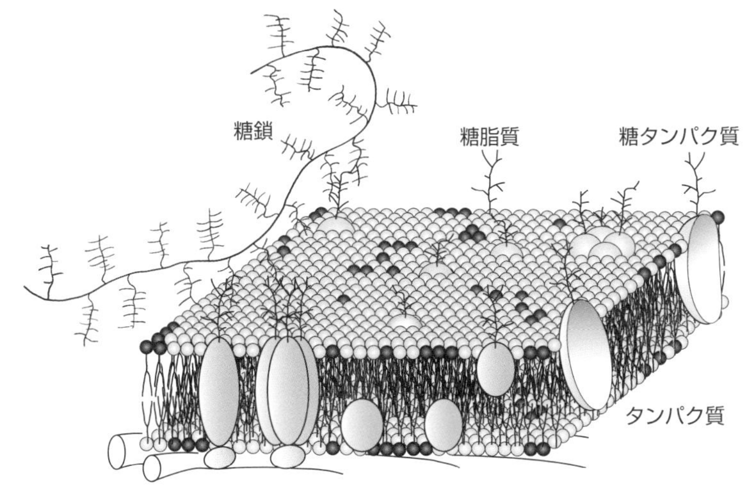

液晶利用の初期

液晶がないとテレビもスマホも用をなさない現代ですが、つい半世紀ほど前は、液晶の使い道はないものかと探していたものです。そのころに、便利な検査法として用いられていた液晶の使用法を紹介しましょう。造船などで大切な鉄板溶接における瑕疵（かし）の有無の検査です。

コレステリック液晶（P.129参照）は層構造をとるため、各層での反射光が干渉しあって、独特の干渉色を現します。コレステリック液晶のひねりピッチは温度によって変化します。ということは、コレステリック液晶の干渉色は熱によって変化することになります。このことを利用するのです。

図は、接着した2枚の金属板の、接着の具合を感熱表示によって点検している例です。この接着金属の表面にコレステリック液晶を塗り、下から加熱すると、接着が完全なAの場合には熱が均等に伝導するため、歪みのない円形の干渉リングが現れます。ところが、接着が完全でないBの場合では、不完全部分での熱伝導が悪いため、干渉リングに歪みが現れます。

つまり、溶接の良し悪しを、サンプルを破壊することなく、容易に知ることができるのです。

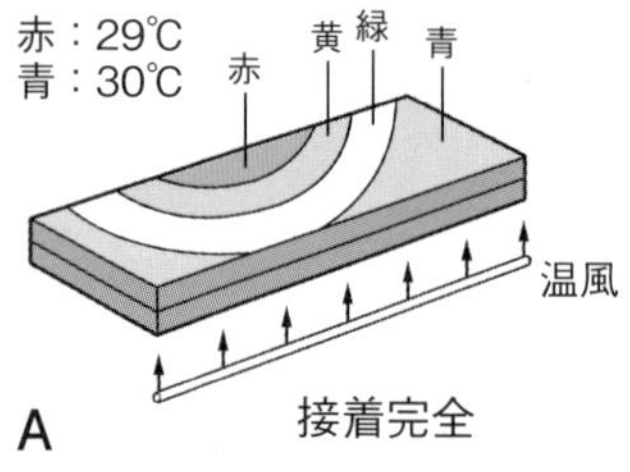

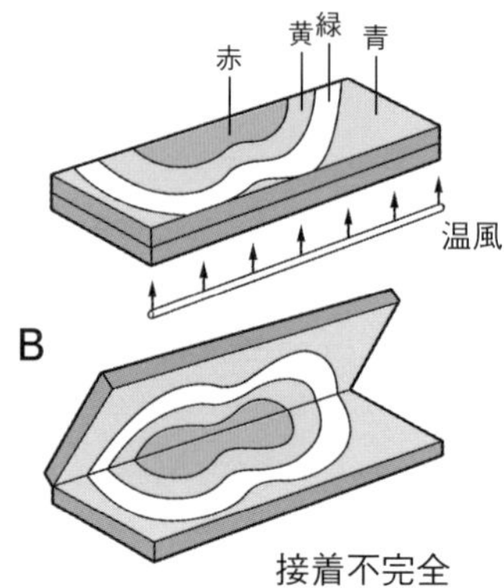

第5章

液晶ディスプレイの原理

前章では、液晶の基本について学びました。続いて本章では、液晶ディスプレイの原理について解説していきます。液晶ディスプレイの仕組みや、ディスプレイの主流となった現在に至るまでの改良の経緯を解説するとともに、液晶の長所や短所、さらには液晶の将来についても述べていきます。

5-1

分子影絵による理解

液晶ディスプレイの仕組みは少々複雑です。そこでここでは、仮想的な液晶ディスプレイを考えながら、その仕組みについて解説していきます。

前章で液晶配向の電気的制御、液晶と偏光の相互作用を説明しました。液晶ディスプレイはこの2つの要素を組み合わせたものにすぎません。とはいうものの、液晶ディスプレイはトゥイステッドネマチックセル（TNセル）と偏光を組み合わせたもので、少々複雑です。そこで、予備知識を得るため、ここでは仮想的な液晶ディスプレイを考えてみましょう。

液晶分子は発光しない

液晶分子は有機EL分子と違って自分で光を出しません。つまり、自分で画面を現す能力はもっていないのです。そのような液晶がどうしてディスプレイ上に画面を現すことができるのでしょう？

それは巧みな発想によるものです。小さいころ、両親や友達などと影絵で遊んだことはないでしょうか？　障子の陰で手を組み合わせて鳩の形を作ったり、キツネの形を作ると、障子の紙にその形が黒い影として現れました。これが**影絵**（かげえ）です。

影絵の原理

液晶ディスプレイはまさにこの影絵の原理で画面を作っているのです。手が発光しなくても鳩やキツネの形を紙面（ディスプレイ）に現すことができるのと同じように、液晶分子も、自身は発光しなくてもディスプレイ上に画面を表示することができるのです。

ただし、影絵を表すためには電灯（光源）が必要なように、液晶ディスプレイにも光源が必要です。それが**発光パネル**といわれる部材です。液晶ディスプレイは、この発光パネルという白い画面の前に液晶が立ちはだかって、影を作ることによって画面を表すのです。つまり液晶ディスプレイは液晶だけでは画面を現すことはできません。液晶の入った液晶パネルと、発光パネルの2枚のパネルがないと成り立たないのです。これが液晶ディスプレイの避けられない欠点の1つとなっています。

影絵

5-2

短冊形液晶分子モデル

次に液晶ディスプレイの基本について、液晶分子を短冊形の分子として見ていきましょう。白と黒をどう切り替えるかについても理解してください。

化学分子を使って影絵を作るというのはトッピな発想と思われるかもしれません。しかし、液晶ディスプレイの予備知識を仕入れるためにはわかりやすい方法です。

短冊形分子

ここでは、液晶分子を短冊形の分子とし、紙の短冊と同じように光をさえぎるものとしましょう。しかし普通の短冊ではなく、液晶分子と同じように方向の規則性をもつこととします。すなわち、容器に擦り傷がついているとそれに沿うように整列します。しかし電気が流れる、あるいは電圧がかかるとその通電方向に整列し直すものとします。

短冊形分子セル

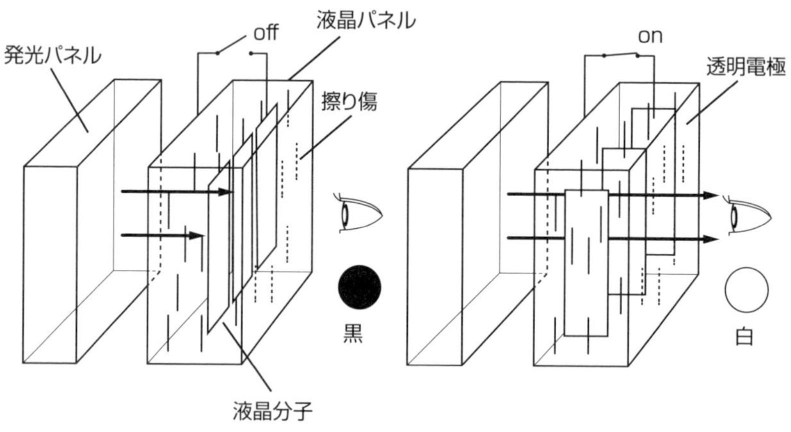

図はそのような短冊形分子(たんざくがたぶんし)が入ったセルを、常時光り続けている発光パネルの前に設置したものです。観察者は短冊形分子セルを透かして発光パネルを見るものとします。

白黒の切り替え

図の左は通電しない状態です。短冊形分子はセルにつけられた擦り傷にならって整列しています。この状態では短冊形分子が発光パネルの前に平行に、まるで蓋をするように並んでいます。発光パネルの光は短冊形分子によって完全にさえぎられ、観察者の目には届きません。つまり画面は真っ黒となります。

それに対して図の右は通電した状態です。短冊形分子は方向を変え、発光パネルに対して垂直に並んでいます。この場合はほとんど光の邪魔にはなりません。発光パネルの光は短冊形分子の間を通ってほぼ完全に観察者の目に届きます。つまり画面は白くなります。

スイッチオンで画面は白くなり、スイッチオフで画面は黒くなります。これで画面を任意に白くしたり黒くしたりすることができることになります。しかもこの変化は可逆的であり、何回でも繰り返すことができます。

このような微小画面を組み合わせれば、少なくとも白黒で任意の画像をディスプレイ上に表示できることになります。

これが液晶ディスプレイの基本をわかりやすく示した模型です。

液晶ディスプレイの作動温度範囲

液晶というのは分子の名前や種類ではなく、結晶や液体と同じように物質の状態です。液晶分子が液晶状態でいられるのは融点と透明点の間だけです。液晶状態を利用する液晶ディスプレイの作動温度に一定範囲があるのは当然です。

一般の液晶モニターの保証作動温度はおよそ0～40℃の範囲です。これより低温だと分子の動きが遅くなってディスプレイの応答特性が悪くなりますし、高温ではちらつきや色むらが出るといいます。

ディスプレイの保存温度は製品によって異なりますが、例外的に広いもので－40～95℃、狭いものでは－10～60℃というものもあります。保存温度以内なら、一時的にディスプレイが機能しなくなり暗くなっても、温めればもとに戻るはずです。

5-3 TNセルを用いた画面表示

予備知識を手に入れたところで、いよいよ実際の液晶ディスプレイの仕組みを見てみることにしましょう。

TNセル

実際の液晶ディスプレイでは短冊形分子の代わりにネマチック液晶を用い、発光パネルは普通の光ではなく偏光を発光します。

ネマチック液晶の入ったセルは普通のセルではなく、入射側と射出側につけられた擦り傷が90度傾いています。つまり、セルに入った液晶分子は光の入射側と射出側とで配向が90度回転しているのです。このようなセルを"ネマチック液晶の捩れたセル"ということでトゥイステッドネマチックセル（TNセル）といいます。

先に見たように、このようなセルに偏光を照射すると、セルを出たときには偏光の振動面が90度ねじれていることになります。

初期のTNセルの例

（出典：Wiki）

白黒の選択

このセルの射出側に図のような方向の検光子（スリット）を置いたとしましょう。図のように、入射側の偏光の振動面が垂直だったとすると、射出側では90度回転して水平となります。つまり検光子のスリットの向きと同じです。したがって偏光はスリットを通過して観察者の目に届きます。つまり画面は白くなります。

しかしTNセルの電源をオンにすると液晶分子は配向を変え、偏光は振動面を変えることなく、そのままの方向でTNセルを通過して検光子に届きます。しかしこれでは検光子を通過することはできません。つまり画面は黒くなります。

この方法によれば、短冊のような遮光性の仮想型分子を用いることなく、光を通過させたり遮断したりすることができます。液晶と偏光の性質を知り抜いた人が考えた、優れたアイデアといえるのではないでしょうか。

液晶ディスプレイの画面表示の仕組み

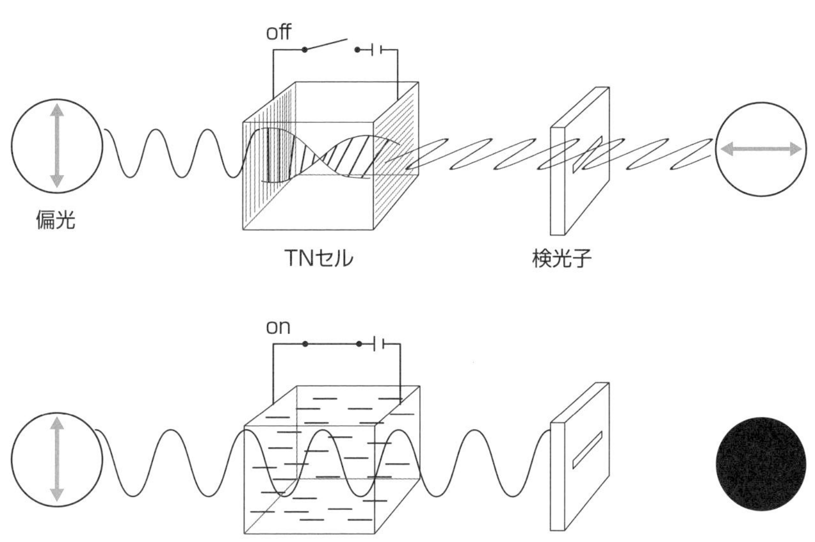

5-4

液晶ディスプレイの改良

液晶ディスプレイも時代とともにさまざまに改良され、現在に至ります。その改良、改善について見ていきましょう。

液晶ディスプレイの基本は前項で見たとおりです。しかしディスプレイは液晶型ばかりではありません。急激に勢いが増す有機EL型があります。そのような状況において液晶テレビが生き残るためには、性能のさらなる改善が望まれます。

液晶セルの改良

液晶セルの基本形はTNセルであり、そこでは通電時以外は液晶分子が90度ねじれる形で配置されていました。**STNセル**はTNセルの改良型です。STNセルは

TNセルとSTNセル

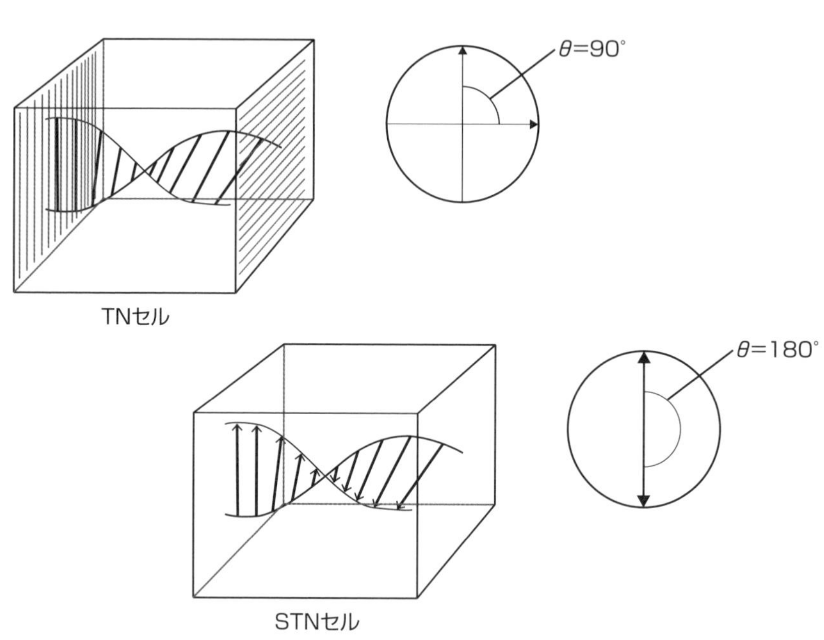

スーパーTNセルの略であり、液晶分子が90度ではなく、180度から270度という大きな角度でねじれています。

このため、通電すると分子の配向に大きな変化が起こり、それにともなって光の透過率が急激に変化します。この結果、従来のTNセルに比べて画面のコントラストがよくなり、スイッチ切り替えにともなう応答性がよくなります。

しかしSTNセルには重大な欠陥があります。それは、液晶パネルが厚くなる結果、特定の波長の光が反射、散乱されるのです。そのため、画面が白・黒でなく、黄緑・濃紺に色がついてしまいます。

これを改良したのがTSTN（トリプレットSTN）セルあるいはFSTN（フィルムSTN）セルといわれるものです。FSTNセルはSTNセルに高分子製の光学補償フィルムをつけたものです。これで光のねじれをとってやるのです。このフィルム2枚でSTNセルをサンドイッチしたのがTSTNセルであり、両者とも画面の色は消えて白・黒表示となります。

FSTNセルとTSTNセル

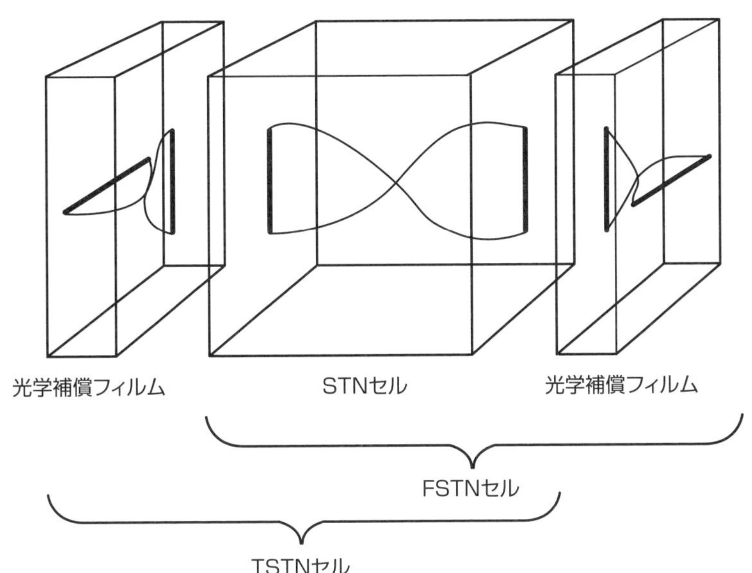

バックライトの改良

液晶分子はみずから発光するわけではありません。液晶ディスプレイは**発光パネル（バックライト）**の光を液晶がさえぎることによって画像を表示するもので、液晶ディスプレイにとってバックライトは必需品です。

バックライトの条件としては①**高輝度**、②**省電力**、③**長寿命**が求められます。

バックライトにはいくつかの種類があります。1つはバックライトの発光パネルが発光するものであり、もう1つは自然光を反射させて用いるものです。両者の基本的な構成は図に示したとおりです。

バックライトの基本的な構成

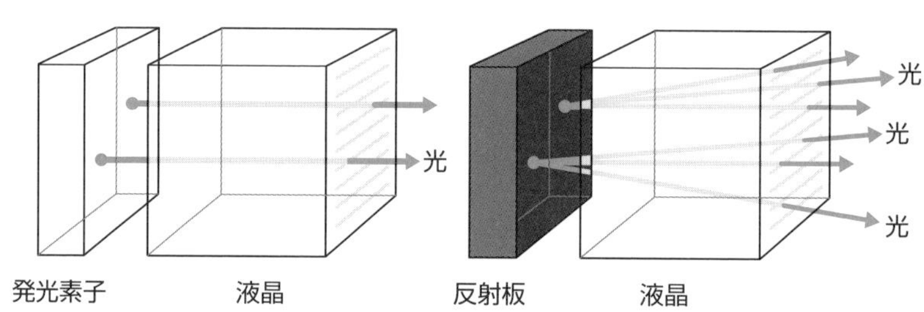

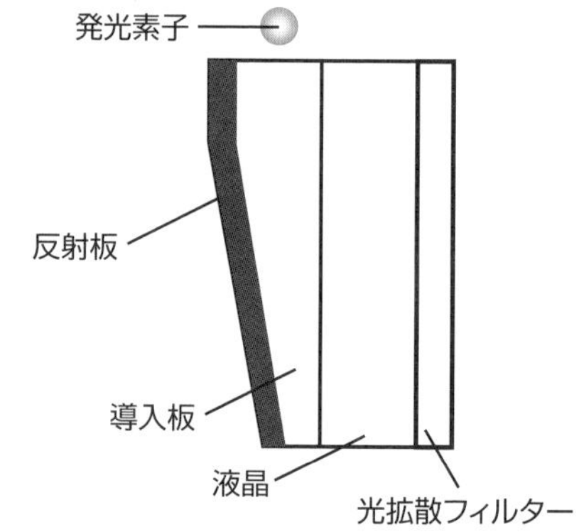

大型テレビでは自発光型のバックライトを使うことになり、何本もの（40インチ型テレビでは30本）管球式電灯（蛍光灯、LEDなど）を組み合わせて面発光に近づけています。さらに均質でムラのない画面を得るために光源と光拡散フィルターを組み合わせることも行われています。

この場合にはディスプレイの消費電力のかなりの部分をバックライトが使うことになり、大型テレビでは90%に達します。

それに対して携帯電話などでは消費電力を抑える必要があることから、反射型を用いることになります。反射型とはその字のとおり、画面から入った光を鏡などの反射板で反射させてバックライトとして使うものです。この場合、当然ながら夜など、光のない環境では使えません。

したがって補助光源として自発光の設備が必需品となります。つまり、反射型とはいってもその大部分は自発光と組み合わせた複合型とならざるをえません。

有機ELはディスプレイになるだけでなく、照明装置としても使えます。この場合は理想的な面発光となります。今後、発光パネルは有機ELに置き換わっていくことでしょう。

視野角度の改良

液晶を使ったテレビは、正面から見るぶんには問題ありませんが、斜め横から見るとコントラストが悪くなって色が薄く見えることがあります。これは液晶分子の配向にもとづく現象です。

すなわちTNセルではスイッチoff状態（白）では液晶分子は画面に水平になっているため、斜めから見ても目に入る光の量に大きな変化はありません。しかしスイッチonにすると分子が画面に垂直になります。この状態で斜めから見ると光がもれ、黒く見えるべきところが灰色になってしまいます。これがコントラスト低下の原因になっています。

このような現象の対策の1つであるIPS（In-Plain Switching）方式（水平配列型）は、電極の方向を従来型とは180度変えたものです。従来型の方法ではセルの前後を電極で挟み、電界を画面に垂直にしてあります。しかしこの方式ではセルの左右に電極を置きます。これによって電界が画面に水平になります。

この方式では液晶分子は画面に水平なまま、プロペラのように回転します。そのため、左右正面、どの方向から見ても同じコントラストで見えることになります。

液晶ディスプレイの視野角度

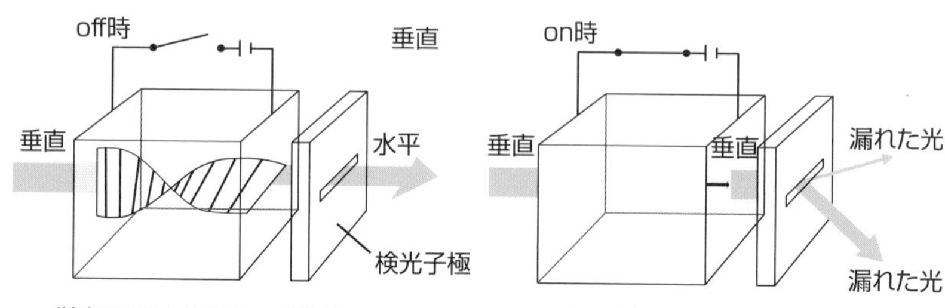

従来のTNセルでは、off時に配列がねじれ、光は透過する

on時に配向は画面に直角になり、光は遮断される。しかし、横斜めから見ると光が漏れ、グレーに見える

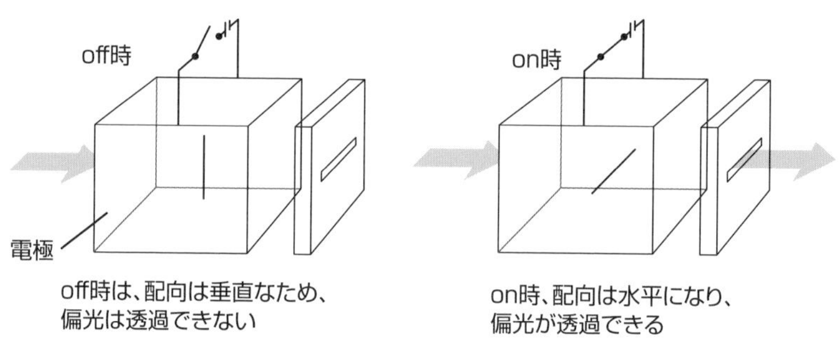

off時は、配向は垂直なため、偏光は透過できない

on時、配向は水平になり、偏光が透過できる

5-5

液晶ディスプレイの長所と短所

どんな製品にもかならず長所と短所があります。ここでは液晶ディスプレイの長所と短所について述べます。

液晶ディスプレイは目下のところもっとも普及したディスプレイです。それだけに改良を重ね、ほぼ完成した技術ということもできそうです。しかしそれでも短所がないわけではありません。

長所

液晶ディスプレイの誕生当時は、ディスプレイといえばブラウン管タイプで奥行きが数十センチもある大きなものでした。とても携帯などできるものではありませんでした。それを数センチの薄さにしたうえ軽量化して現在のような携帯型のディスプレイにしたのは液晶ディスプレイの功績といってよいでしょう。つまり、**軽量、薄型**というのが液晶ディスプレイの最大の長所ということになるでしょう。

この軽量、薄型ディスプレイが社会に与えた影響の大きさはいくら強調してもしすぎることはないでしょう。それまでは個人的な連絡は固定電話であり、外出先に連絡したいときにはポケットベルで連絡したうえで、電話連絡を待ちました。それが今では海外にいても瞬時に連絡できます。写真データも瞬時に送ることができます。家族が旅行先で見ている景色を留守の家族が同時に楽しめるのです。

この瞬間に世界で起こっているニュースを動画で見ることもできます。世界がここまで狭くなり、グローバル化しているのも軽量薄型ディスプレイのおかげということがいえるでしょう。

また、普及したおかげで大量生産効果が起き、価格が低く抑えられるというのも長所かもしれません。

短所

液晶ディスプレイの短所は、みずから発光できないということです。そのため、発光パネルを備えなければなりません。この結果、液晶パネルと発光パネルの２枚重ねになるため、全体の厚さと重量の軽減に限度が出てきます。

また、発光パネルは画面の明暗と関係なく、常に輝き続けています。これはそれだけ、電力消費が大きく、現代の省エネ志向に沿わないことになります。また、液体の液晶を収納するセルは液晶分子が漏れ出さないように気密性を高くしなければならず、技術的にも素材的にもそれだけの負担がかかることになります。

また、複雑な曲面など、気密性を低める形状にすることは困難です。

液晶ディスプレイの短所

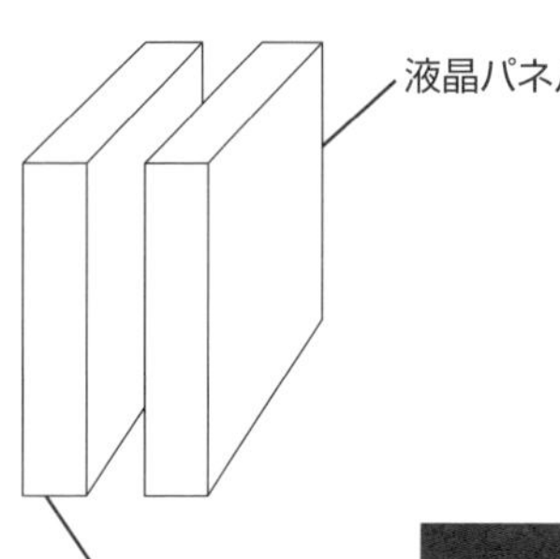

液晶の将来

液晶が発見されたのは19世紀末、1888年、ヨーロッパではアール・ヌーヴォーの花が開き、日本では明治の鹿鳴館時代のころです。この液晶がアメリカの技術者のアイデアによってディスプレイとして開発されたのは1965年ごろであり、日本のシャープ社の手によって実用化されたのが1973年といわれます。

●液晶の過去

その間80年間、液晶は目立った使用価値が見い出されないまま放置されていたのです。現在のような液晶万能の世界を見たら、当時の研究者はそれこそ「腰を抜かす」のではないでしょうか？

しかし、研究や発見はそのようなものです。発見者はなにかの役に立つと思って発見したわけではありませんし、研究者も誰かの役に立てようと思って研究しているわけではなかったりします。現在も、なんの役にも立たないまま放置されている「素晴らしい」発見、研究はたくさんあるに違いありません。

それがなんの役にも立たないまま放置されているのは、発見者、研究者を加えて社会の誰もがその価値に気づかないからです。その1つの例は第4章で見た柔軟性結晶です。「液晶の対」ともいえる状態ですが、目下のところ、めぼしい応用例はありません。電極としての応用研究はあるようですが、成果はまだのようです。

とはいうものの、液晶ディスプレイの出現以前にも液晶が使われた例はあります。それは先に見たコレステリック液晶です。この液晶は分子がラセン階段状に積み上がりますが、一周して元の角度に戻るまでの距離（分子数）ピッチは温度によって変わります。

これによってこの液晶に差し込んだ光が発する干渉色の色彩が変化します。この色彩変化を利用して対象の温度を測るのです。子供が風邪をひいたとき、額に貼って温度を見る簡易体温計がその例です。

●液晶の将来

液晶はライバルだったプラズマ撤退のあとも有機ELと競うなど健在ですが、液晶の存在意義がディスプレイにだけしかないと思ったら、液晶に失礼です。液晶ディスプレイにはトンデモない技術が込められているのです。それは、分子を人間の意のままに動かすという技術です。かつてこのような技術があったでしょうか？

原子を1個1個動かすという魔法のような技術は40年も前に開発されました。その技術によって原子を並べてアインシュタインの肖像画を書くようなことも行われています。しかし、現在の液晶ディスプレイはグロスとしての分子を動かしているのです。これはディスプレイにしか応用価値のない技術なのでしょうか？

・液晶プリズム

たとえば液晶を図のようなプリズム型の容器に入れて、そこに偏光Aを照射します。すると偏光は角度α_Aで屈折します。次に偏光面が90度ねじれた偏光Bを照射します。すると屈折角度は変化してα_Bとなります。

これは偏光の偏光面の角度を変化すれば、プリズムの屈折率を自由に偏されることができることを意味します。これをレンズに応用したら、偏光の偏光面を変えるだけで焦点距離を変えることができることになります。

▼液晶プリズムのアイデア

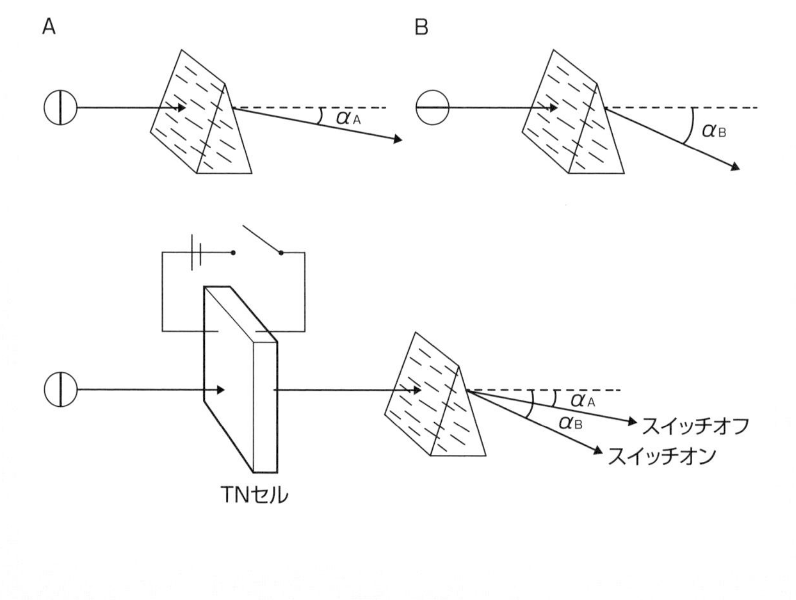

5-6 電子ペーパー

電子ペーパーのために開発された表示技術もあります。ここではこれらの技術について解説します。

液晶型

液晶を用いるタイプにはいくつかの種類があります。ここでは2通り見てみましょう。

・コレステリック液晶型

液晶型電子ペーパーでは黒の基板の上に液晶パネルを重ねます。**コレステリック液晶型**では液晶パネルにコレステリック液晶を入れます。先に見たようにこの液晶はラセン階段のように積み重なる性質があります。この状態では液晶は光を通さず、反射します。そのため黒の基板は見えず、画面は白くなります（**プレーナ状態**）。

この状態の画面の特定位置に弱い電圧をかけると液晶分子の方向が変化し、光を透過するようになります（**フォーカルコニック状態**）。すなわち、基板の黒色が見え、文字などの表示ができるわけです。

コレステリック液晶型

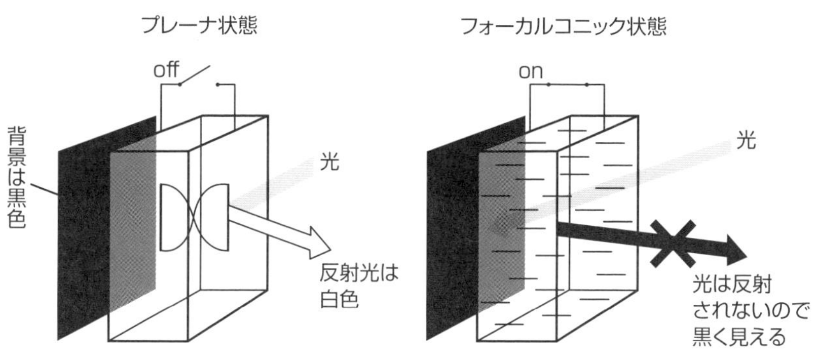

この状態は電界を取り去っても保持されます。すなわち画面上に書いた文字はいつまでも消えずに残ります。しかしある程度以上の電界をかけるともとのプレーナ状態に戻ってリセットされ、文字は消え、画面は白くなります。

・高分子分散液晶型

第7章で見る**高分子分散型液晶**を用いるものです。電気を通さない状態では、いろいろな方向のマイクロセルが存在するので、カキ氷状態で光は反射され、画面は白く見えます。しかし特定部位に電圧をかけるとその部位のすべてのマイクロセルの液晶分子が一定方向を向くので光を透過し、その部分が黒くなって文字が現れます。この方法では薄さ、柔軟性に優れた電子ペーパーができることが期待されます。

高分子分散液晶型

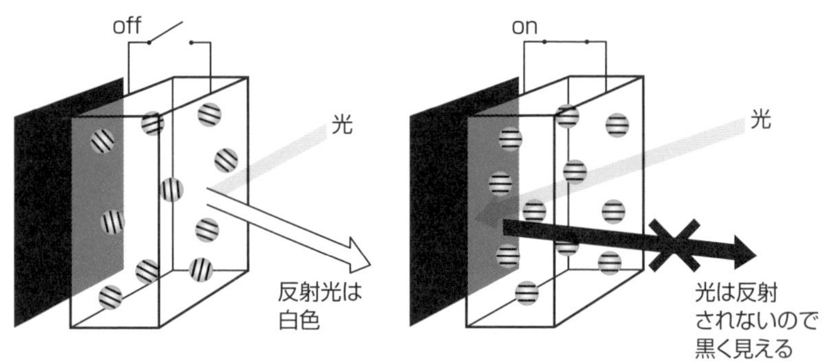

マイクロカプセル型

これは白と黒の微粒子を**マイクロカプセル**に移動させることによって文字を現す仕組みです。

マイクロカプセル内の透明な液体中に黒色（マイナス電荷）と白色（プラス電荷）の微粒子を封入し、上部の透明電極と下部の不透明電極の間に挟みます。通電して、透明電極がプラスになればマイクロカプセル内の黒色粒子が表面に浮いて黒く見え、マイナスになれば白色粒子が浮いて白く見えます。

この方法は視野角が広く、コントラストが高いうえに、画像を保持するのに電力を要しないという長所があります。

マイクロカプセル型

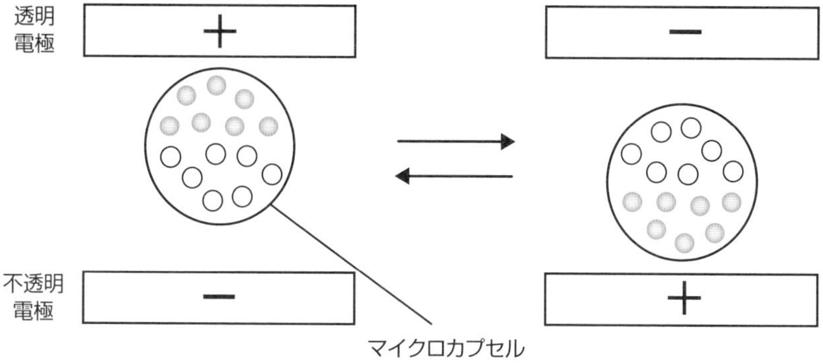

トナー型

黒と白の微粉末を、空気中を移動させることで文字を現します。微小セルの中にマイナスに荷電した黒色微粉末（トナー）と、プラスに荷電した白色微粉末を封入します。あとは上と同じことです。

透明電極側がプラスになれば黒色微粉末が透明電極に吸いつけられて黒くなり、マイナスになれば白色微粉末が吸いつけられて白くなります。この方法は微粉末が液体中でなく空気中を移動するので、応答特性が速いという長所があります。

トナー型

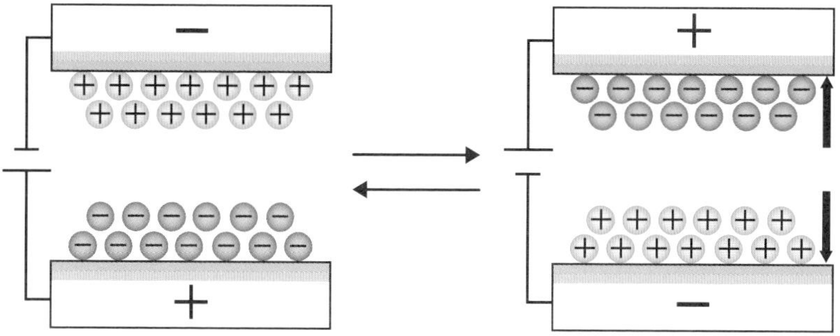

3D映像

一時話題になった立体映像を見ることのできる3Dテレビはいつの間にか市場から姿を消してしまいましたが、立体映画は現在も健在のようです。映像を立体視する技術とはどのようなものなのかを見てみましょう。

●立体視の原理

私たちは2つの目で物体を見ます。右目で見た物体と左目で見た物体ではその形が微妙に違います。その違いを利用してその物体の各部への距離を観測しています。したがって、両目の間隔が広ければ広いほど距離の測定は正確になります。

レーダーのない昔、戦艦は相手の戦艦との距離を測距儀という装置で測定しました。測距儀というのは巨大な双眼鏡のようなものです。戦艦大和の測距儀は両方のレンズの間隔が15mもありました。これで標的の距離を測定して砲弾の着地点を決めたのです。

立体映画の原理もこれと同じです。つまり、両方の目に違う画像を見せればよいわけです。見た人は両方の画像を脳で合成し、その違いから自分と映像各部の距離を推定し、立体映像を組み立てます。

▼立体視の原理

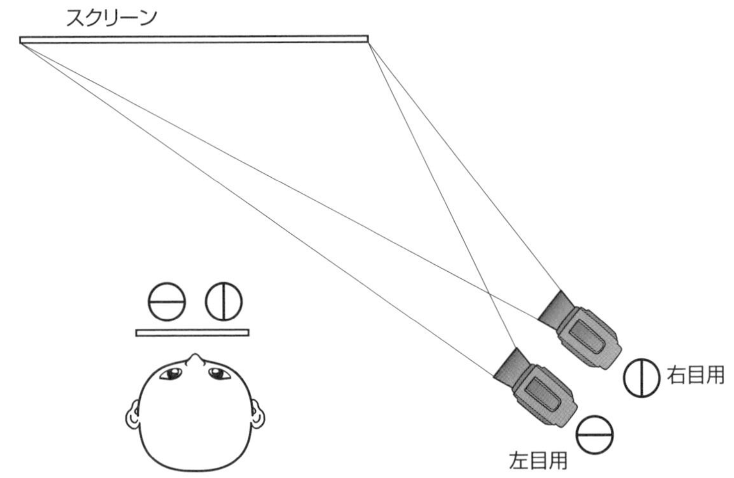

●メガネを用いる方法

立体映画のもっとも簡単な方法は、右目に見せる映像を赤くし、左目に見せる映像を青にするのです。見る人は右目に青、左目に赤のレンズが入ったメガネをかけて見ます。すると右目では青の映像が消えて赤の映像だけが見え、左目では赤の映像が消えて青の映像だけが見えることになり、立体的な映像を見ることができることになります。

しかしこれではカラーの映像は映せません。そこで利用するのが偏光です。右目に見せる映像を垂直方向の振動面をもつ偏光で投影し、右目に見せる映像を水平方向の振動面をもつ偏光で投影します。観客は右目に水平方向の偏光レンズ、左目に垂直方向の偏光レンズの入ったメガネをかけて観察します。すると右目には右目用、左目には左目用の映像だけが届き、立体映像が現れることになります。

テレビではこれらとは異なった方法を用います。テレビお得意の残像を利用するのです。つまり、右目用の映像と左目用の映像を瞬時に交互に切り替えて映すのです。そして、液晶を用いたレンズのメガネを用いて、右目用の映像が出ているときには左目をブロックし、左目用

▼立体メガネの原理

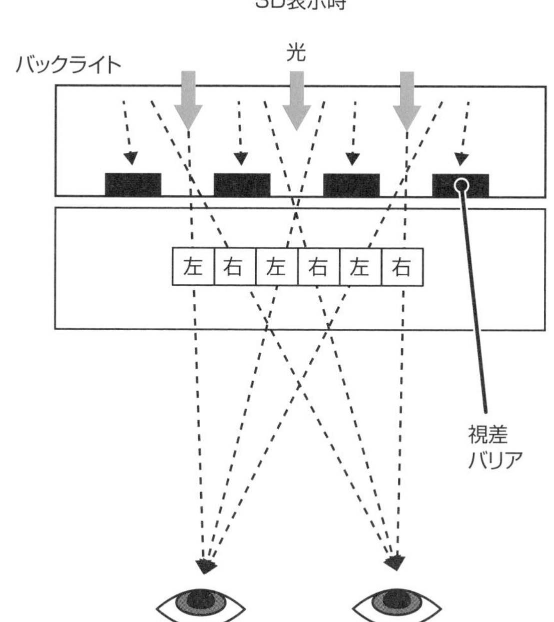

の映像が出ているときには右目をブロックするのです。

しかしこの方法では、テレビ側の映像切り替えとメガネ側の液晶の動きを完全に同調させなければならず、メガネの価格が高くなるという不都合が生じます。

●メガネを用いない方法

しかし、メガネをかけるというのは億劫ですし、メガネをかけない人には立体画像は見えません。そこで開発されたのがメガネなしで立体映像を見る仕掛けです。

これは右目用の映像と左目用の映像を同時に映し、視差バリアというフィルターによってバックライトの光の進行方向を制御し、右目には右目用の映像だけ、左目には左目用の映像だけが届くようにしたものです。

●デュアルビューテレビ

先の原理を用いれば、1個のモニターでまったく異なる2つの映像を見ることが可能になります。自動車に用いれば、運転者はナビゲーターを見て、助手席の同乗者は同じモニターでテレビ番組を見るということです。このようなテレビをデュアルビューテレビといいます。

▼デュアルビューテレビの原理

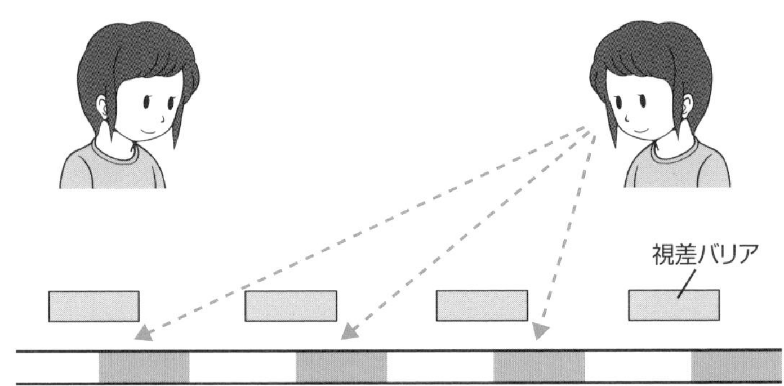

5-7

発光ダイオード（LED）

ここではその他の表示方式として、まず初めに発光ダイオード、いわゆるLEDについて見ていきます。

現代は表現の時代ということができるのではないでしょうか。内容の良し悪しはもちろん大切ですが、それと同じように大切なのがプレゼンテーション、つまり提示の上手下手です。いくら内容がよくても、発表の仕方が下手では、多くの人は発表の途中で飽きてしまいます。

LEDは最近よく聞く言葉ですが、Light Emitting Diodeの略であり、発光ダイオードと訳します。ダイオードとはラテン語の数詞のdi（ダイ、ジ（2））と英語のode（道（電気の通り道））の結合語であり、2個の電極（端子）をもった半導体素子、すなわち2端子半導体素子のことをいいます。

周期表で見るp型半導体とn型半導体

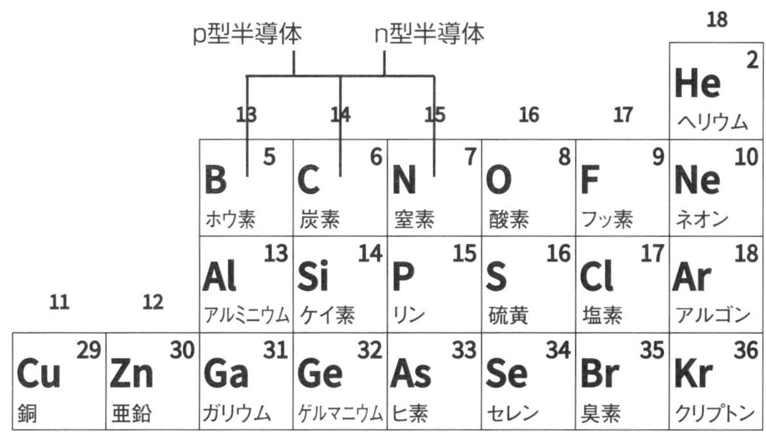

p型半導体とn型半導体

半導体にはいろいろな種類がありますが、そのなかにp型半導体とn型半導体という区分があります（前ページ参照）。p型半導体とn型半導体はペア（対）になって特有の機能を発揮することが知られており、そのような機能のなかには最近注目を集めている太陽電池もあります。

具体的には、周期表で14族元素、すなわち価電子が4個の炭素C、ケイ素Si、ゲルマニウムGeを中心とします。14族元素と、それより価電子の少ない13族元素を混ぜると、価電子数が14族より少ない電子不足型（陽イオン型、positive型）のp型半導体となります。

反対に14族より価電子の多い15族元素を混ぜると、価電子数が過剰（陰イオン型、negative型）のn型半導体になります。

LED

LEDとは電子的にまったく性質の異なった2種類の半導体を接合した複合半導体のことをいいます。2種類の半導体とは、価電子不足のp型半導体（価電子が4個以下）と価電子過剰（価電子がそれ以上）のn型半導体を接合し、それに端子（導線）をつけたもののことをいいます。

LEDの構成

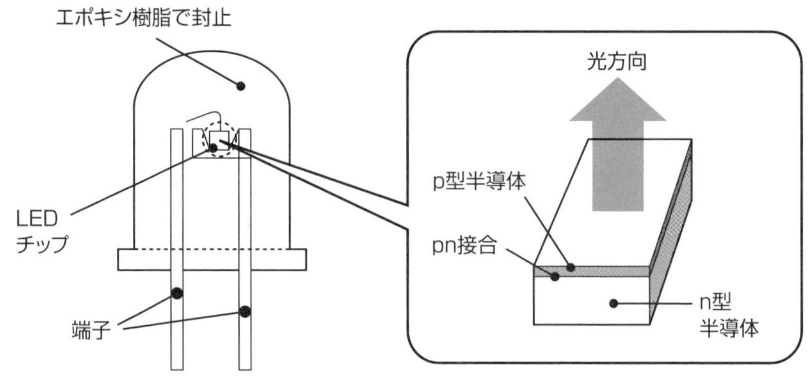

LEDに電流を流すと、電子がn型半導体部分からp型半導体部分に流れ出し、pn接合面に達したときに発光します。発光の色は、開発の遅れた青色発光ダイオードが開発された結果、赤緑青の三原色がそろったのでフルカラー表示が可能になっています。

LEDの発光は電球の発光に比べて、

① 発熱しない（冷光ということもある）
② 寿命が長い（電球の10倍程度）
③ 消費電力が少ない（電球の1/10程度）
④ 応答時間が短い（電球の1/100万程度）

など多くの優れた点があります。

LEDは点光源として優れているので、それを適当に集合させれば各種の表現手段として用いることができます。また、3色のLEDをまとめて1素子とすれば液晶ディスプレイの白色発光パネルとして用いることができます。屋外にある大型フルカラーの表示板の多くはこの形式によるものです。

LEDの発光の原理

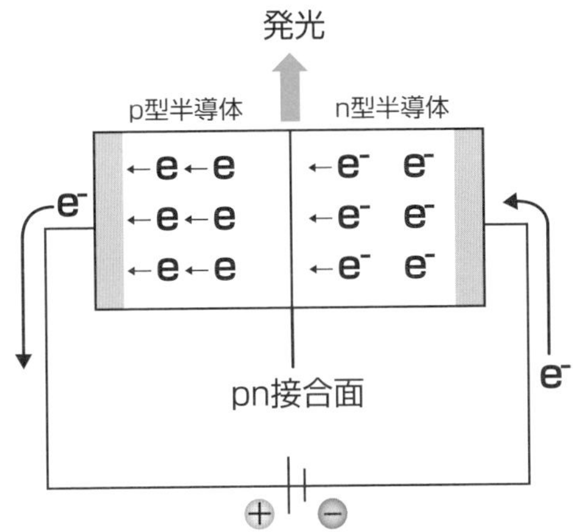

ブラウン管テレビ

次から次へと新しい技術が生まれる一方で、次から次と古い技術が捨てられていきます。ディスプレイの分野でも同じです。情報伝達の分野でも同じです。万里の長城時代の狼煙（のろし）はともかくとして、100年ほど前はトン・ツー・トンのモールス信号でした。

映像の分野では静止画面の幻灯機が現れ、やがて動画の映画が登場しました。その映画も昔は音声の入らない無声映画で、弁士と呼ばれる人が声色を使って巧みに映画を紹介しました。やがてトーキーと呼ばれる音声入りの映画が一般化していったのです。

一方、情報通信の手段としては電話やラジオが現れ、それがテレビに変わったのはいわゆる戦後といわれる時代に入ってからの話でした。

当時、テレビはフルネームでテレビジョンといわれました。このテレビはめずらしいだけでなく高価なものであり、一般庶民の手の届くものではありませんでした。

大きな電気店、百貨店の電気器具売り場、あるいは臨時に公園などに設置されたテレビには十重二十重に人が集まり、そこに映し出される投手の金田やプロレスの力道山の雄姿に熱中したものでした。当時のテレビはブラウン管テレビであり、画面サイズは14インチがほとんどで、色も白黒でした。

ブラウン管の名は、発明者であるドイツの技術者**カール・フェルディナント・ブラウン**に由来します。ガラスでできた

▼戦後の家庭用テレビ

真空管の一種であり、電子ビームを蛍光体に照射して発光させる装置です。その電子ビームを移動させることで画像を表示するのです。

ファンネル（漏斗）と呼ばれる真空管内で、電子銃により電子ビームを発射します。陽極に印加された高い電圧によって電子は加速され、蛍光剤を塗布した蛍光面に衝突して蛍光剤を発光させます。電子ビームは、電界または磁界により操作されて、蛍光面を1秒間に数百回往復し、人間の目の残像を利用して画像を表示します。この往復回数を走査線といいました。

ブラウン管はガラス製で、今から考えれば巨大な真空管でしたから、装置全体も巨大で重量も数十キロもあるようなものでした。立派な家具としての位置づけでした。

白黒だったテレビもやがてカラー化しましたが、当時某社が発売した**キドカラー**という商品名は傑作でした。それは画面が明るく美しいという意味での**輝度**と、そのために蛍光剤に使った物質**希土類**を兼ねた言葉だったのです。「希土類」は周期表の3族元素のことであり、現代の言葉でいえば**レアアース**なのです。つまり、レアアースを用いて色彩発光をしていたのです。

それが30年ほど前に突如、液晶式、プラズマ式という厚さ10cm、画面サイズ40、50インチという薄型テレビが現れたのですから、視聴者が飛びついたのも当然といえるでしょう。現在、ブラウン管テレビは完全に市場から姿を消しました。

▼ブラウン管の構造

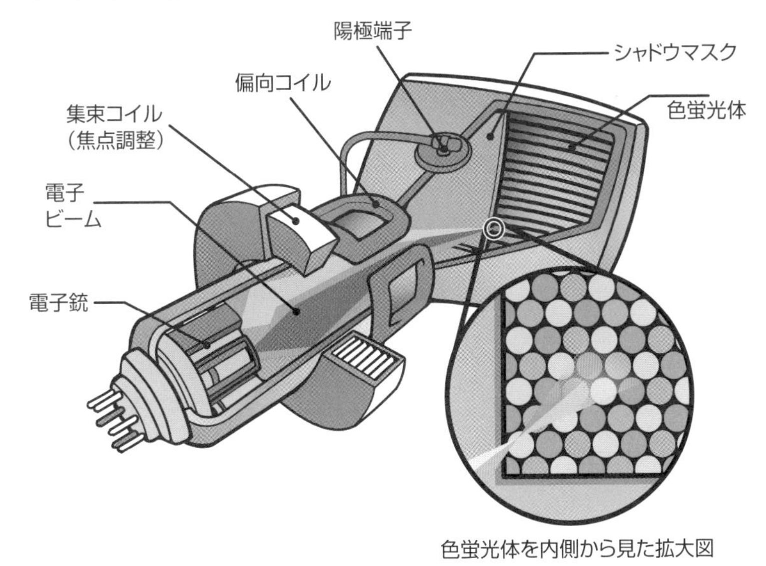

色蛍光体を内側から見た拡大図

5-8

蛍光表示管

蛍光表示管は日本オリジナルの技術であり、現在でもさまざまなところで活躍し続けています。その特徴や用途などについて、ここで簡単にまとめました。

駅の券売機、自動販売機の料金表示、計算機の表示板、数字を表示する装置はたくさんあります。ここで使われている表示装置の多くは液晶表示と思いきや、実は蛍光表示管、VFD (Vacuum Fluorescent Display) と呼ばれる装置なのです。

この装置は1966年に伊勢電子工業（現在のノリタケ伊勢電子）の中村正博士らによって発明された日本オリジナルの技術です。家電製品で数行の文字や数字が青白色などで光っているディスプレイのほとんどは、液晶やLEDではなくて蛍光表示管なのです。

海外で発明された液晶ディスプレイの特許料が高かった時代、すなわち1970年代の電卓戦争時代に電卓のディスプレイとして使用するためにVFDが採用され、技術が進歩しました。

初期のものはガラス製の真空管で単桁のみ表示するものでした。それが今日のように平面型で複数の数字や記号を表示できるものに進化しそれにつれて用途も広がってゆきました。

初期のVFD

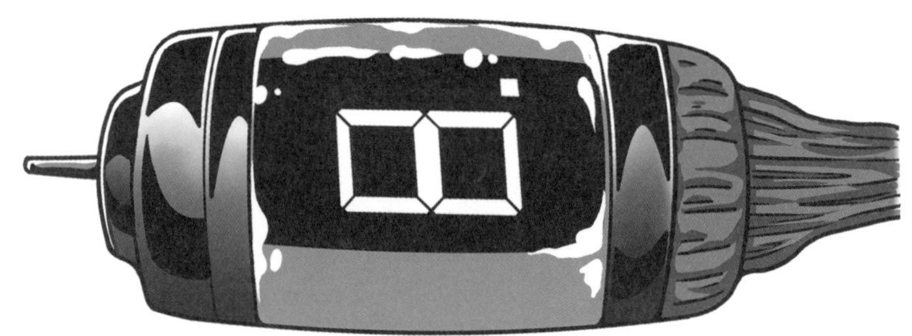

　蛍光表示管は電子を放出する陰極、それを受け取る陽極、そして電子を操作するグリッド電極からなる一種の三極管であり、真空管の一種です。陰極から出た電子はグリッド電極で加速、制御され、陽極にある蛍光体（表示素子）に衝突することによって発光します。

　開発された当時は、色彩は緑一色でしたが現在では赤から青まで9色ほどが商品化され、これらを混ぜることによって白色も出せるようになっています。

　蛍光表示管の特徴は、

・蛍光面で発光するため、視野角に優れる
・自発光表示素子であるため、コントラスト比が高い
・液晶は低温で能力が劣化するのに対し、劣化がほとんどない
・製造コストが安い
・寿命が長い

など多くの長所をもちますが、その反面

・長時間同じ箇所を発光させると蛍光体が劣化し、焼きつきが起きる
・応答速度が速いため、表示がちらつく
・常にカソードに電流を流す必要があり、その消費電流が大きいので電池駆動の機器には不向きである

などの欠点もあります。

現在のVFD

液晶レンズ

先に見た液晶プリズムを使えば液晶レンズを作ることができます。これは焦点距離を連続的に変えることができるレンズです。つまり、このレンズをカメラに使えば、フィルム面までの焦点距離をレンズの筒長で調節する必要がなくなるということです。

カメラのレンズはいつも同じ位置にありながら、焦点距離は自在に変化させることができるということです。

これはほんの1つの例ですが、「分子を動かす」ことができればもっとすごいことができるのではないでしょうか？液晶はディスプレイにとどめておくにはあまりにもったいない技術です。

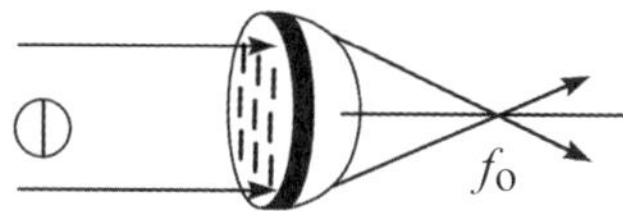

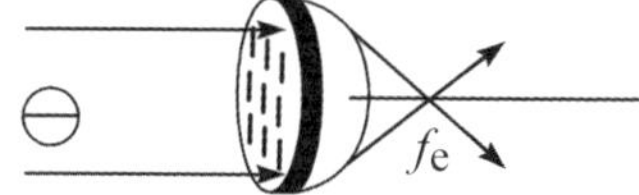

▼液晶レンズのアイデア

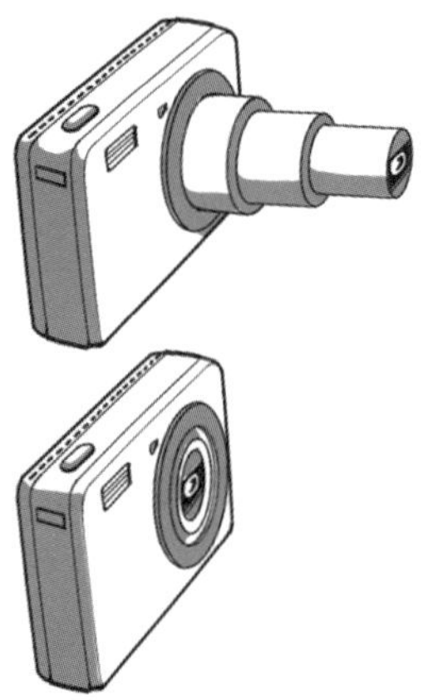

第6章

量子ドット
ディスプレイ

量子ドットというのは、簡単にいえば人工原子です。ただし、本物の原子のような化学結合はもちろん、原子核反応も行うことはできません。現在のところ、できるのはエネルギーと光の相互変換です。光を入れればエネルギーを出すので太陽電池に、反対にエネルギーを入れれば光を出すのでディスプレイに使われるのです。有機ELの次は量子ドットではないでしょうか？　意外と近い話かもしれません。

6-1

量子ドットとはなにか？

量子ドット（点）は無機物でできた小さな粒子です。直径はおおよそ10nmで原子直径の数十倍程度ですから、1個のドットは1万個ほどの原子の塊ということになります。

量子ドットとは？

量子ドットは、電子をドット粒子の中に閉じ込めるという性質があります。閉じ込められた電子は適当なエネルギー⊿Eがくると、それを吸収して高エネルギー状態（励起状態）になります。つまり量子ドットそのものがエネルギーを吸収して、高エネルギーの励起状態になるのです。吸収するエネルギーは電気エネルギー、光エネルギー、なんでも結構です。

しかし一般に励起状態は不安定ですので、量子ドットは余分なエネルギー（⊿E）を放出してもとの低エネルギー状態、基底状態に戻ります。つまり量子ドットは原子と同じような性質をもっているのです。そこで量子ドットは**人工原子**と呼ばれることもあります。

このとき放出するエネルギーは、いろいろな形をとることができます。熱エネルギーとして放出したのではあまりおもしろくありませんが、光エネルギーを吸収して、それを電気エネルギーとして放出したら、そのまま太陽電池ということになります。実際に量子ドットを利用した**量子ドット太陽電池**は、将来の高効率太陽電池と期待されています。

反対に電気エネルギーを吸収して光エネルギーとして放出したら、これは水銀灯の水銀原子Hgやネオンサインのネオン原子Neと同じことになりますから、発光デバイスとして利用できることになります。本章のテーマである**量子ドットディスプレイ**とは、このような原理を用いたディスプレイなのです。

量子ドットの性質設定

量子ドットのすぐれた点は、この励起のために必要なエネルギー、基底状態に戻るときに放出するエネルギーを人間が自由に設定できるということです。つまり、現在のように水銀やネオンというような天然原子を用いたのでは、これらのエネルギー⊿Eは原子や分子任せになりますが、量子ドットを用いれば人間の勝手になるわけであり、太陽電池にしろ発光デバイスにしろ、その設計製作の自由度がはるかに増えることになります。

これは量子ドットの直径や粒子密度、あるいは原料原子、分子を変更することによって自由に設定できるのです。

量子ドットのイメージ

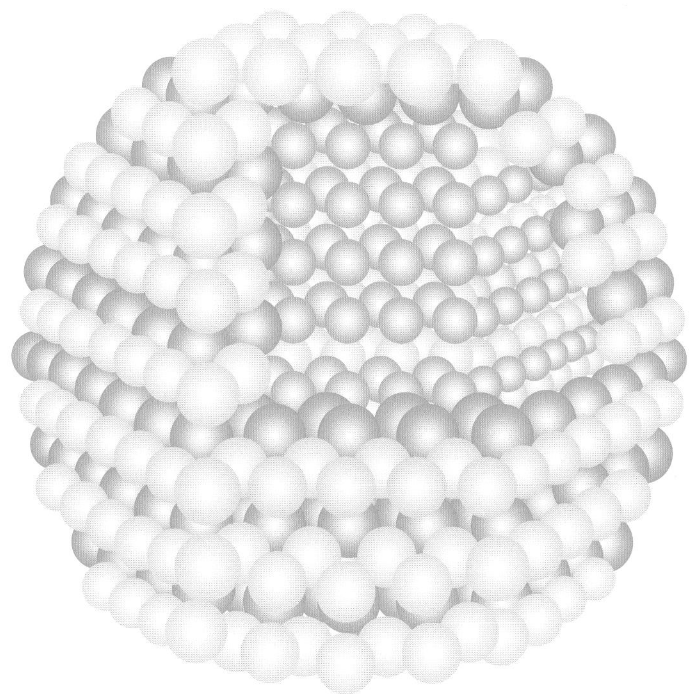

直径 2^{-10}nm（原子 10^{-50} 個）

量子ドットの作成

量子ドットはすでに半導体として情報分野、レーザー分野で応用されています。原料、作成法も幾通りも開発されています。代表的なものを見てみましょう。

・原料元素

単一元素から作ったものと、多種類の元素を混ぜたものがあります。単一元素では、シリコン（ケイ素Si）でできたSi量子ドットがよく知られています。多種類の元素を用いたものではカドミウムCdとヒ素AsからなるCdAs量子ドットやインジウムIn、ガリウムGa、ヒ素AsからなるInGaAs量子ドットなどがあります。

・作成法

作成法もいくつか開発されています。

＜メッキ法＞

シリコンウエハーにニッケルをメッキすると、ニッケルが微粒子として析出する現象を利用した作成法です。

＜不活性化基板法＞

不活性化した基板に細く絞り込んだ電子ビームを照射すると、そこだけ不活性膜が破壊されます。ここに金属を真空蒸着すると、破壊された部分にだけ金属が堆積してドットとなります。

＜液滴エピタキシー法＞

多種類の元素からなるドットの作成法です。構成元素のうち、融点の低いものをビームとして基板上に噴射して液滴を作ります。次に融点の高いものをその液滴に噴射して結晶化させます。

量子ドットの作成法

＜メッキ法＞

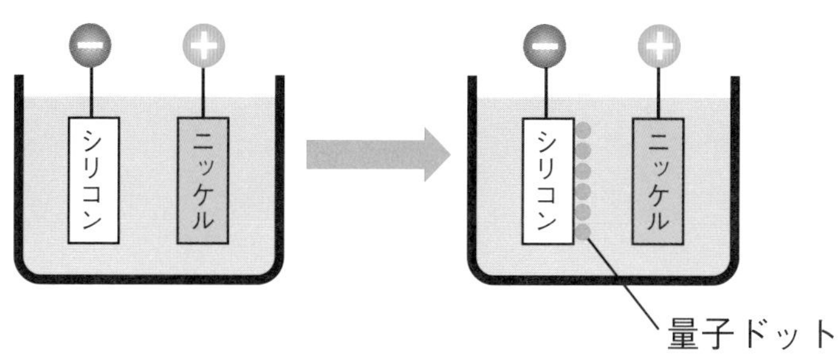

＜不活性化基板法＞

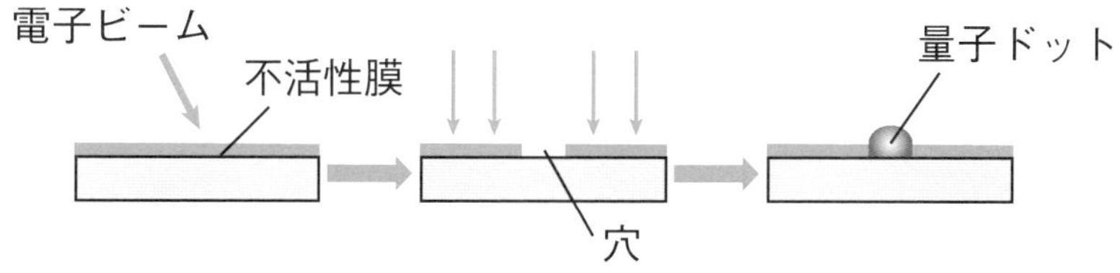

＜液滴エピタキシー法＞

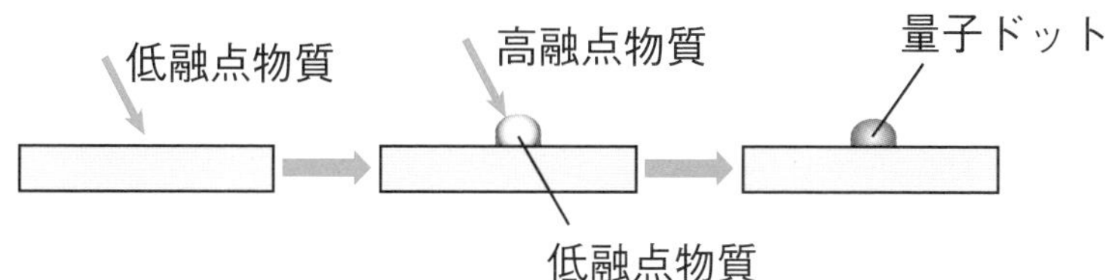

量子ドット太陽電池

量子ドット太陽電池は、現在考えられる最高性能の太陽電池です。変換効率は理論的に75%といわれています。現行の量産型シリコン太陽電池の変換効率20%に比べて、3倍以上の性能を誇ります。

また、量子ドットはその直径や、粒子密度を調整することによって、吸収光の波長領域を自由に設定することができます。そのため、1個の量子ドット太陽電池で、太陽光をすべての波長領域にわたって利用することも可能です。これは現在注目されている多接合型（タンデム型）太陽電池の能力を1個の太陽電池でカバーすることを意味します。

量子ドット太陽電池の理論は複雑ですが、構造はいたって単純です。適当な金属電極の上にシリコンなどの基板を置き、その上に量子ドットを堆積させます。そして最後にITOなどの透明電極を重ねれば完成です。

このようにして作った量子ドットを用いた太陽電池の試作品はすでに稼働しており、変換効率は15%を達成しています。今後改良を重ねれば75%に近づくことでしょう。

量子ドット太陽電池の構造

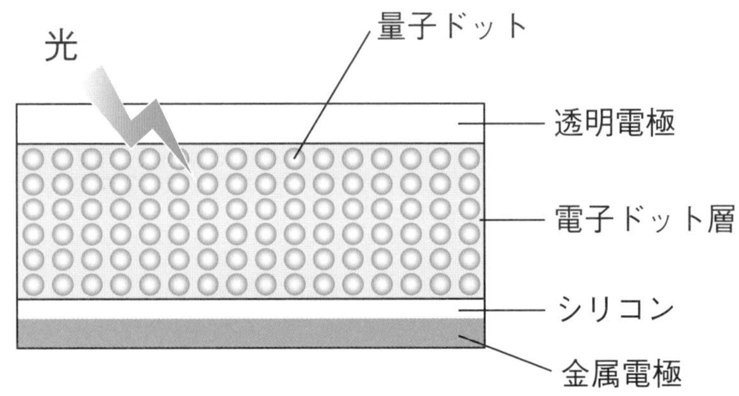

6-2 量子ドットの発光

量子ドットの発光メカニズムは水銀灯の水銀原子、ネオンサインのネオン原子、あるいは青色発光LEDの発光メカニズムと同じです。

量子ドットの発光色

水銀Hgが青っぽい光を発し、ネオンNeが赤い光を発光するのはそれぞれの励起エネルギーの大きさによります。この大きさは、それぞれの原子の事情によりますから、人間が注文をつけるわけにはいきません。水銀に赤い光を出せといってもソッポを向かれるだけでしょうし、ネオンに青い光を出してくれと頼んでも、お手やわらかにと断られるだけです。

しかし、量子ドットは親切です。結晶サイズを変えるだけで、こちらの望みの色を出してくれるのです。結晶サイズを厳密にコントロールすればするだけ、色純度の高い美しい光を作り出すことができます。

量子ドットの発光色

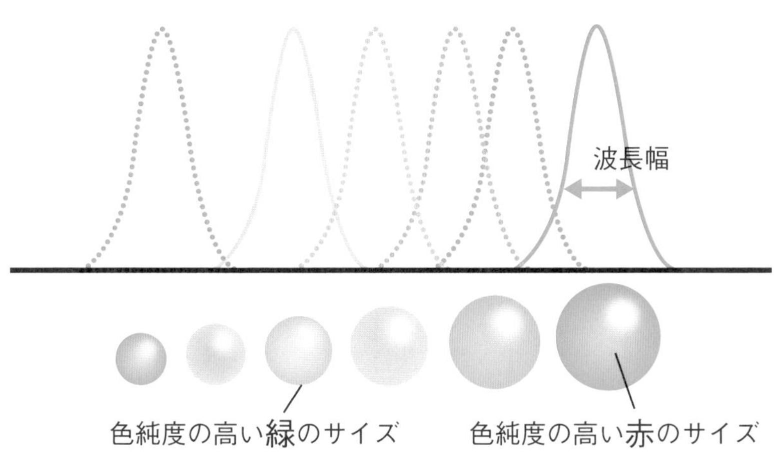

量子ドットの発光メカニズム

図に青色発光LEDの発光メカニズムの概略を示しました。基底状態のLEDに電気エネルギー⊿Eを与えると、LEDはそのエネルギーを使って励起状態になります。次に基底状態に戻りますが、このときに、先に吸収した⊿Eを青色光として発光します。

この光を緑、赤の量子ドットそれぞれが吸収して高エネルギー状態になります。それからあらためて励起状態になって一時的に落ち着きます。

青、緑、赤、3色の励起状態のエネルギー順位を比べると、**波長の逆順**、つまり**青>緑>赤**となっています。つまり、緑と赤の量子ドットは、励起状態に達する以上のエネルギーを青い光（エネルギー）として吸収していますので、余分なエネルギーを振動エネルギー（熱エネルギー）として放出します。それが図に波線で表したエネルギーです。

このようにして、緑、赤の励起状態に達した量子ドットは、そのときにもっていたエネルギーを緑、赤の光として放出します。

量子ドットの発光メカニズム

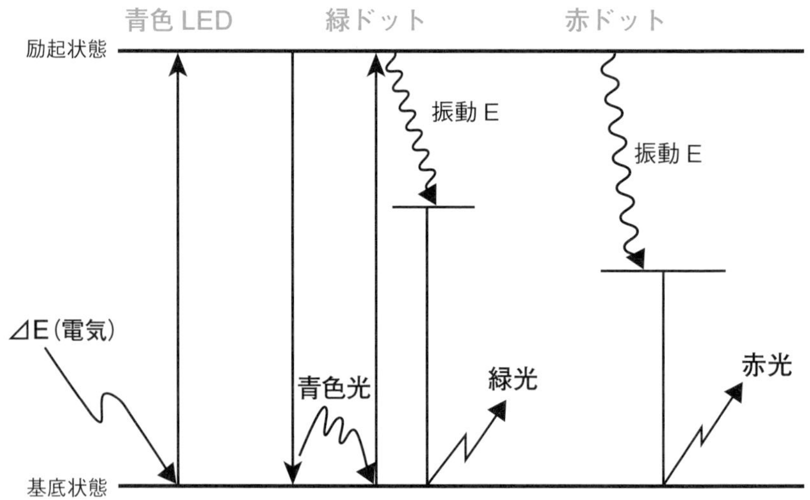

このように、青色ダイオードと2種の量子ドットさえあれば、青、緑、赤という**光の三原色**を作ることができます。つまり、この三原色を適当な割合で混ぜれば、すべての色の光を作り出すことができることになります。これが目下のところの量子ドットディスプレイの原理になっています。

発光色の純度

図はこれまでのディスプレイに使われていた光源の波長帯域と、量子ドットの発光の波長帯域とを比較したものです。これまでのものは緑と赤の分離がうまくいっていません。つまり、この間の混色の部分は光源として使うことができません。無理して使ったら、色の分離の悪い、ぼやけた色の画像になってしまうでしょう。

それに対して量子ドットを使った光源はどうでしょう？　青、緑、赤の3色が理想的な間隔を保って、理想的な強さで現れています。ディスプレイの光源として理想的なものといえます。

発光色の純度

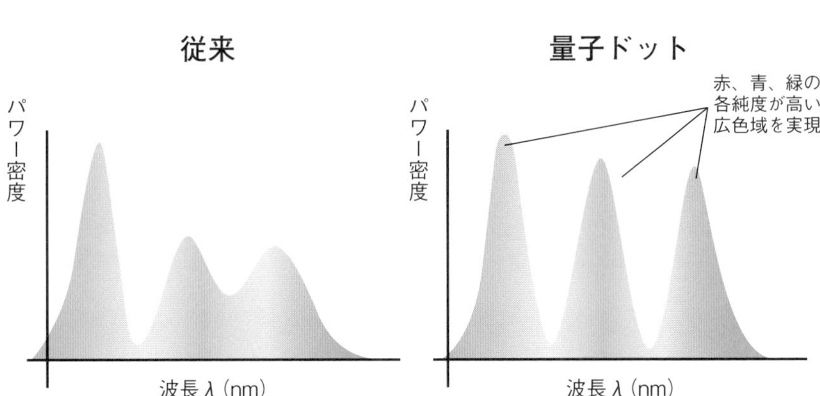

6-3 量子ドットディスプレイの種類

目下のところ、本来の意味での量子ドットディスプレイはまだ市販されていません。おもに市販されているのは、従来の液晶テレビのバックライトに量子ドットを使ったタイプですが、有機ELテレビでの採用も少しずつ増えています。

日本でカラーテレビが発表されたのは1960年のことでした。ガラス製の大型真空管、ブラウン管を使ったもので、大きく、重く、画面サイズ14型で器械の奥行きが50cm近くもあるものでした。カラー発光体にレアメタルの一種レアアース（希土類元素）を用いて「キドカラー」のニックネームで売り出した会社もありました。

その後、2000年代には薄型テレビが出現し、液晶テレビ、プラズマテレビが全盛となりましたが、やがてプラズマ型が姿を消し、有機ELテレビに代わりましたが、今また量子ドット技術を使ったテレビに代わろうとしています。

薄型テレビの作動原理

このうち、プラズマ型はいわば極小の蛍光灯が発光体であり、有機EL型は有機ELが発光体ですが、液晶型の発光体は液晶ではありません。液晶は自身では発光せず、反対に光をさえぎって画像を現すタイプです。

つまり、液晶テレビには「パネルが2枚」あり、1枚は白い光を出す発光パネルであり、もう1枚の液晶パネルに液晶分子と3色のフィルターがあり、それの操作によって動画とカラーを表出します。

それに対して有機EL型では有機ELそのものが発光体ですから、液晶のような発光パネルは必要ありません。したがってパネルは1枚だけであり、そのぶん、テレビは薄くなります。また、黒い画面の有機ELは電気が消えています（通電していません）から、そのぶん省エネとなります。

量子ドットディスプレイの発光原理

量子ドットディスプレイはすでに市販されていますが、これらは「量子ドット液晶ディスプレイ」といわれるもので、原理的には液晶ディスプレイです。つまり、液晶ディスプレイの発光パネル部分を量子ドット発光パネルに置き換えたものです。

その発光原理は先に見たとおりです。つまり青色ダイオードの出す青い光で量子ドットを励起して発光させます。しかし、細かいところで違いがあり、現在次の4タイプが開発されています。

①バックライトの導光板の入光部に量子ドットを封入したガラス管を配置するタイプ。エッジライト型と呼ばれる

②量子ドットを練り込んだシート（量子ドットシート）をバックライトの射出面に配置するタイプ

③青色LEDの発光面に量子ドットを配置したものを光源として使用するタイプ

④カラーフィルターの代わりに量子ドットを使用するタイプ

いずれのタイプもシャープな三原色の光が得られます。このうち、2021年までに市販されたのは①と②のみであり、さらに販売が継続されたのは②のみでしたので、量子ドットディスプレイといえば②を指すことが多く、QLEDと呼ばれることがほとんどでした。そして2022年から④のタイプが市販され始めました。

6-4 量子ドット液晶ディスプレイの基本と仕組み

目下のところ量子ドットディスプレイは、本質的には液晶ディスプレイです。しかし近い将来、本格的な量子ドットディスプレイがお目見えするでしょう。それは現在の有機ELディスプレイの有機ELを量子ドットに置き換えたものです。それは色彩がさらに純粋鮮明になっていることでしょう。

量子ドット液晶ディスプレイの場合には、量子ドットの出番は発光ディスプレイと限定されていますので、具体的な出番はP153で見た4つくらいでしょう。しかし、これらで量子ドット発光素子が務める役回りは白色（無色）光の役割であり、その能力に比べてあまりに些末な役割といってよいでしょう。

量子ドット液晶ディスプレイと量子ドット

先に見たように、液晶ディスプレイは「影絵の原理」にもとづいたディスプレイです。主役のはずの液晶分子は光を出しません。奥に潜む発光パネルの出す光をさえぎるのが液晶パネルの仕事です。光を出さないのですから当然、カラー表示でも蚊帳の外です。

現在の「量子ドット液晶ディスプレイ」における量子ドットの役割は、この「奥に潜む発光パネル」の役割にすぎません。とてもではありませんが「"量子ドット"液晶ディスプレイ」の"一環"などと大見得を切る役回りではありません。脇役もいいところと言わざるをえないでしょう。

・量子ドットの動画作成

量子ドットのディスプレイ表示における本当の能力は有機ELと同じ、あるいはさらにすぐれているということができます。

①まず、有機ELと同じく、通電onとすれば明るい可視状態となり、offとすれば真っ暗になります。つまり、液晶ディスプレイでは常時輝きっ放しの発光パネル

に、通電なしの状態が生じるのです。これは省エネそのものです。

②次に、各素子（量子ドット）が固有の色の光、つまり光の三原色を独立に輝かせることができます。これは、これまでのカラー表示ディスプレイがまるで原罪のように背負っていたカラーフィルターを必要としない、ということです。

カラーフィルターは光の明度を下げ、輝きを失わせ、かつ色の純度を下げます。よいことなどなにもありません。これを用いなくてすむということだけでもディスプレイの程度はグッと向上するのではないでしょうか？

本来の量子ドットディスプレイとは？

量子ドット発光素子、さらには有機ELのすぐれた点は、素子そのものが発光し、しかもその色彩を人間がコントロールすることが可能ということです。

これは、たとえば画素100万個のディスプレイのそれぞれの画素に3色の発光体（青色ダイオード、緑色量子ドット、赤色量子ドット）を入れておけば、それぞれのon・off（白、カラー、暗黒）という電気操作によって、動画の動きとカラーとを自由に操作できることを意味します。

これほどすぐれたディスプレイ原理がほかにあるでしょうか？　それに、有機ELには申し訳ないことですが、カラーの色分けが、どう考えても有機ELは分が悪いです。

つまり、どのように分子構造を変えても、天然物という制約に縛られる有機ELには、6-2で見たような色彩の分離が困難な場合があります。そのような場合は、因数が量子ドットの直径と原料組成だけ、という量子ドットのほうが解決できる可能性が高くなりそうです。

量子ドットディスプレイは今後も発展し続けることでしょう。

6-5 量子ドット液晶ディスプレイの長所と短所

ディスプレイ素材としてすぐれているように見える量子ドットですが、決して短所がないわけではありません。ここで、量子ドットの長所と短所を比べてみましょう。

量子ドットの長所

・発光の輝度が高い：高出力の光が得られるので明るく輝かしい画面となる。
・発光の純度が高い：ほかの色の光と混じることがないので色彩が純粋で美しい。
・量子ドットを発光素子とした機種の場合には、パネルが１枚になるので、薄型となる。
・量子ドットを発光素子とした機種の場合には、黒い画面では通電オフとなるので省エネである。

量子ドットの短所

・耐久性

量子ドットは酸素、水分に弱いといわれています。そのため、これらのものから遠ざける措置が必要です。しかし、この特性は有機ELや液晶に関してもいえることですから、プラスチックで封入するなど、これまでどおりの措置を施せば、これまでの機種と同程度の耐久性は確保できるということになります。永久に万全体制で稼働する機械はないということでしょう。

・カドミウムの毒性

カドミウムというと、1960年代の公害を思い出す人も多いでしょう。当時大きな社会問題となった富山県、神通川流域で起こった**イタイイタイ病**は、神通川上流の神岡鉱山（現在のニュートリノ観測施設カミオカンデがある場所）が、当時不要だったカドミウムを含む廃水を神通川に投棄したために起こったカドミウム汚染による重度の骨粗鬆症が原因でした。

多くの一般家庭で使うテレビにカドミウムを使ったのでは、将来そのテレビが廃棄されるときに、イタイイタイ病の二の舞が起こるのでは、との危惧もあります。この機種のテレビの引き取りには十分に注意するか、あるいはカドミウムを用いない量子ドットの開発が必要になるでしょう。

なお日本では2022年12月に、シャープ、シャープディスプレイテクノロジー、東京大学がNEDO（国立研究開発法人新エネルギー・産業技術総合開発機構）の「戦略的省エネルギー技術革新プログラム」において、カドミウムを含まない量子ドットでRGB画素のパターニングに成功したと発表しました。こうした研究・開発が進めば、環境にやさしいカドミウムフリーの量子ドットディスプレイが登場・普及していくことでしょう。

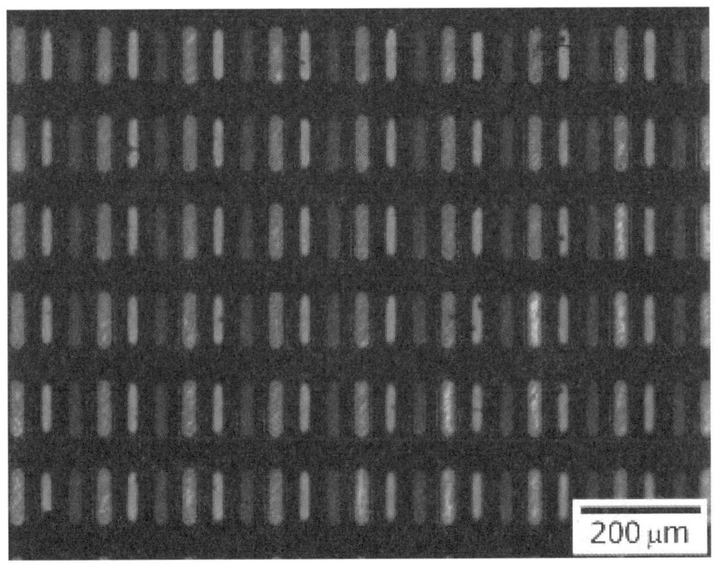

シャープ、シャープディスプレイテクノロジー、東京大学が開発したカドミウムフリー量子ドット発光素子のRGB画素（出典：シャーププレスリリース）

量子ドットの利用

量子ドットの発光波長は、粒子の粒径を変えるだけでコントロールすることができるので、ドットの発光波長を非常に精密に調節することができます。

また量子ドットは溶液（水、各種有機溶媒）に分散させることができるので、低コストのプリント技術やコーティング技術を用いることが可能です。さらに量子ドットの発色が明るく鮮やかであること、広範囲の波長の光を発光可能で、かつ高効率、長寿命、減衰係数が高いことなどから、その用途は生体イメージングや、照明、ディスプレイ、太陽電池や量子ドットレーザー、量子コンピューターまで広がっています。

●太陽電池

量子ドットを用いれば、安価な印刷法によって有機色素増感太陽電池を作ることができます。既存の色素は時間が経つと分解しますが、量子ドットは無機化合物であるため安定です。また、シリコン系太陽電池の利用できる波長は可視域であり、一方の有機色素は赤色光の集光には向いていません。しかしながら、量子ドットは粒子径サイズを制御することにより赤外線から紫外線までの波長を吸収することが可能であるため、最適に効果を発揮することができます。

●生体イメージング

量子ドットは超微粒子であるため、体内のあらゆる場所に送ることができます。そのため、医用画像やバイオセンサーなど、さまざまな生物医学用途に適しています。また生体適合性ポリマーで量子ドットをコーティングすると、血中に分散させることもできます。

また、抗体などの特定の分子と結合させ、標的細胞に用いることも可能です。現状では、蛍光を用いたバイオセンサーには有機色素が用いられていますが、有効色が少ない点や標識寿命が短いなどの制約があります。これに対し、量子ドットはあらゆる波長領域の光を発光することができる点や、高輝度、長い蛍光寿命など、従来の有機色素よりも優れた特徴をもっています。

参考：富士色素公式Web
（http://www.fuji-pigment.co.jp）

第7章

ディスプレイ関連部材の種類と機能

市販されている家庭用テレビやパソコンのディスプレイなどは、液晶や有機ELといったパネルをはじめ、さまざまな部材が組み合わさってできあがったものです。ただし必要な部材は、液晶や有機ELで共通のものもあれば、固有のものもあります。ここではこれらのディスプレイを作るのに欠かせない部材について、簡単にまとめてみました。

7-1 全ディスプレイ共通基礎部材

ここではまず、多くのディスプレイに共通で使われる部材にはどのようなものがあるのか、その材料はなにでできているのかについて解説します。

ディスプレイは多くの部材の組み合わせからできています。その部材のなかでも、1種類のディスプレイだけに使われるものでなく、多くの種類のディスプレイに使われる部材の種類と、その部材固有の機能について見てみましょう。

液晶素子の構造

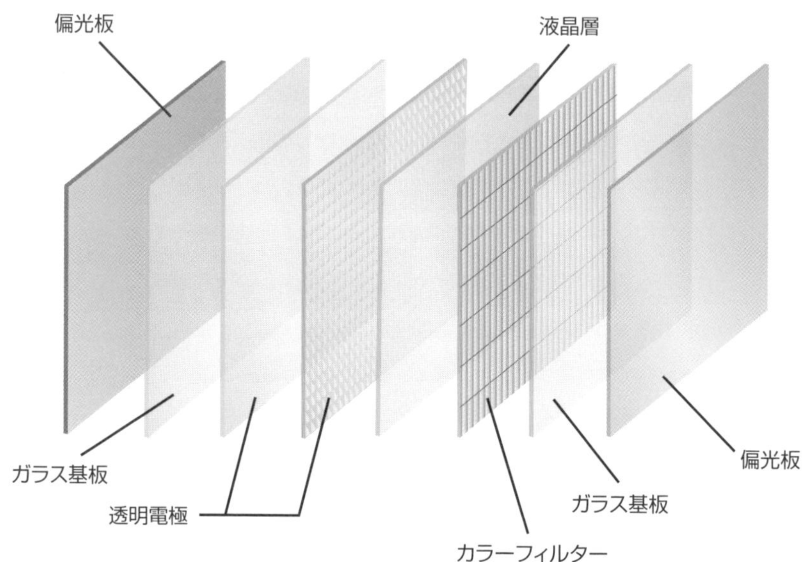

透明電極

透明電極というのは文字どおりガラスのように無色透明な電極のことをいいます。多くのディスプレイでは前面で画面全体を覆っています。したがって視聴者はこの透明電極を透かして画面を見ていることになります。そのため、透明電極は完全に透明なだけでなく、完全に無色である必要もあります。

無色な物体としてはガラスがあり、導電体としては金属があります。ということで、透明電極はガラスと金属の組み合わせからできています。

金属というと不透明な物質を思い出しますが、そんなことはありません。金属も薄くすれば透明になります。金の薄膜、つまり金箔は透明です。ガラスに挟んだ金箔を透かして外界を見ることができます。しかし残念ながら無色ではありません。青緑の色がついています。したがってガラスに金箔を貼って、あるいはガラスに金をメッキして電極にすることはできません。

現在の透明電極はガラスに酸化インジウムIn_2O_3と酸化スズSnO_2を真空蒸着したものです。スズSnは英語でtinということから、この電極は**ITO電極**とも呼ばれます。ただしインジウムInはレアメタルのため、貴重で高価なので、亜鉛Znなど、ほかの金属で代用ができないか研究されています。

カラーフィルター

液晶ディスプレイでは白色光に色をつけるため、有機ELディスプレイでは有機EL素子と組み合わせて色表現をするために、**カラーフィルター**が必需品です。カラーフィルターは一般にガラスに顔料を塗布して作ります。軽量化のためにはプラスチックフィルムを用いたほうがよいのですが、製造工程で加熱過程があるので、耐熱性のあるガラスが用いられます。顔料は無機物であり不透明ですが、微細な粉末にすることによって透明にします。これを光硬化性樹脂に溶かして塗布し、紫外線を照射して樹脂を硬化させることによって固着させます。

最近、無機顔料でなく有機染料を用いる技術が開発されました。有機染料はもともと透明ですから微細粉化の工程がいらなくなります。今後この方向で推移するかもしれません。

半導体

半導体はLEDで発光素子として用いられますが、そのほかにすべてのディスプレイの駆動に必須の部材です。

物質には電流を流す伝導体と、流さない絶縁体がありますが、その中間のものを半導体といいます。半導体にはいろいろな種類がありますが、シリコン（ケイ素）Siやゲルマニウム Geのように、純粋の元素で半導体のものを**元素半導体**、あるいは**真性半導体**（intrinsic半導体、i-半導体）といいます。

それに対してLEDの項で見たn型、p型半導体のように、半導体に少量の不純物（ドーパント）を加えて品質を改良したものを**不純物半導体**といいます。これらのほかに数種の元素を化合物のように整数のモル比で混合した化合物半導体などがあります。

半導体の伝導度

電流の実体はなんでしょう？　電流は目に見えないし、取り出すこともできないので実体がつかみにくいものです。電流の実体は電子です。川が水の流れであるように、電流は電子の流れなのです。電子がA地点からB地点に移動したとき、電流はBからAに流れたと定義します。

物体の伝導度は温度によって変化します。一般に金属の伝導度は低温になるほど高くなり、反対に半導体の伝導度は低温になると低くなります。

金属の伝導度は絶対0度に近くなると突如無限大になります。この状態を超伝導状態といいます。つまり、電気抵抗がなくなって、コイルに大電流を流しても発熱しないのです。そのため、超強力な電磁石を作ることが可能となります。このような磁石を**超伝導磁石**といいます。

超伝導磁石は脳の断層写真を撮るMRIや、JR東海が開発中のリニア中央新幹線で、車体の浮上に使われています。

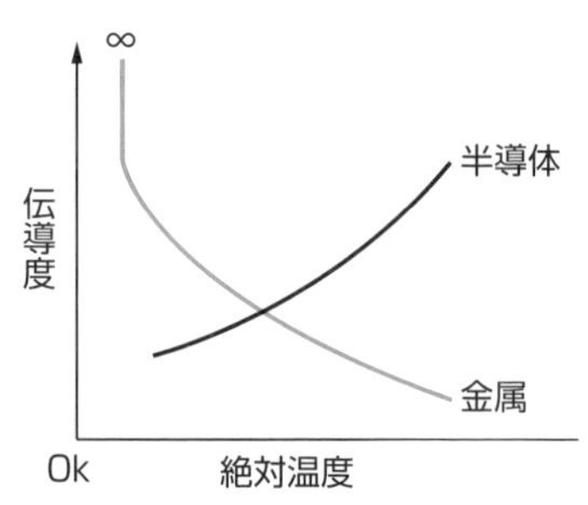

7-2 有機ELディスプレイ関連部材

有機ELディスプレイでは発光分子自身が色のついた光を発光するので、有機ELディスプレイ固有の部材というものはあまりありません。

リン光発光材料

分子を部材と呼ぶかどうかはともかくとして、有機ELディスプレイ固有の部材は輸送層、発光層を形成する有機分子です。そのおもなものは本文で紹介したとおりですが、問題になりそうなのは**リン光発光分子**です。一般に有機分子は三重項になりにくく、リン光を出しにくいものです。このような分子にリン光を出させる手段の1つが重金属を用いることです。

本文で紹介したリン光発光分子にも金属が入っていますが、その種類はイリジウムIr、ルテチウムLuなどです。このうち、イリジウムは貴金属であり、ルテチウムはレアアースです。どちらも貴重で高価な金属です。今後、安価で手軽に利用できる汎用金属に置き換える研究が行われることでしょう。

リン光

出典：Wikipedia

有機ELセル

有機ELディスプレイの発光セルは簡単にいえば、基板の上に電極を置き、その上に輸送層分子、発光層分子を塗ってまた電極を置いただけのものですが、その塗り重ね方は二通りあります。**ボトムコンタクト**と**トップコンタクト**です。

・ボトムコンタクト

現在の主流はボトムコンタクトといわれる方式です。この方式はガラス基板の上にITO電極の陽極を置きます。そして陽極の上に正孔輸送層、発光層、電子輸送層分子を置きます。そして最後に金属でできた不透明な陰極を置くのです。観察者はガラス基板と透明電極を通して有機物の光を見ることになります。

ボトムコンタクト

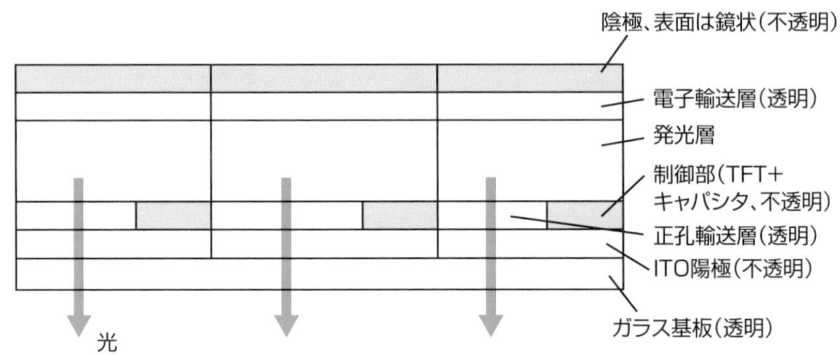

・トップコンタクト

それに対してトップコンタクトは逆です。ガラス基板の上に金属でできた陽極を置きます。その上に正孔輸送層、発光層、電子輸送層分子を置き、最後に透明電極の陰極を置きます。

どちらでもたいした違いはないようですが、違いが出るのはアクティブマトリックスの場合です。アクティブマトリックスでは素子を駆動するための電気回路が必要になりますが、これはガラス基板の上に設置されます。そのため、ボトムコンタクトの場合には、観察者に届く光の一部は電気回路に妨害されます。すなわち開口部が小さくなるのです。

それに対してトップコンタクトの場合には、電気回路に妨害されることがなく、発光された光はすべてが観察者に届きます。そのため、アクティブマトリックス方式の場合にはトップコンタクト方式が有利となります。

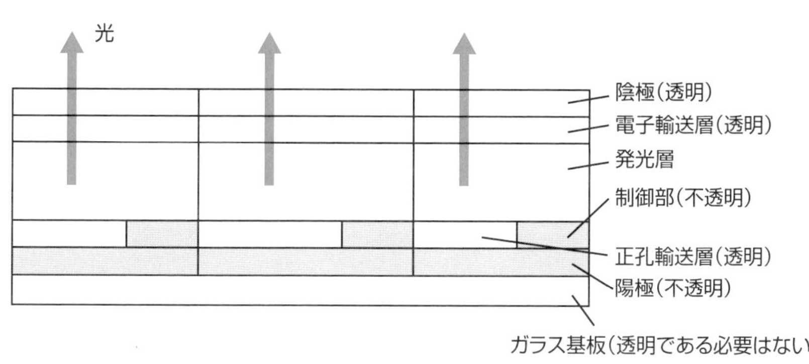

有機EL型電子ペーパー

電子ペーパーは文字どおり電子式の紙です。テレビ、パソコン、携帯電話などに次ぐ次世代の表示媒体として注目されています。電子ペーパーに要求される機能は次のようなものです。

① 紙のように薄い
② 紙のように軽い
③ 紙のように折り畳みができる
④ 紙のように細かく鮮明な表示ができる
⑤ 紙のように書いたり消したりできる
⑥ 紙のように消費電力を要しない

贅沢ともわがままともいえるようないくつかの要求を並べましたが、私たちが日常使う紙はこれらの性能をすべて満たしているのですから、たいしたものといえばたいしたものです。

しかし、これらの性能を満たすだけならば紙を使えばよいことになります。電子ペーパーが紙に優るためには、紙にできない性能をもっている必要があります。それは次のようなものです。

⑦ カラー表示が可能である
⑧ 動画表示が可能である
⑨ 配信情報を受信表示できる

⑦はともかくとして⑧、⑨は紙では絶対に無理です。このようなことがすべて可能になれば、現在では数十枚、数百枚の紙を要する情報をただ1枚の電子ペーパーに盛ることが可能となります。

しかし、これらの性能のほとんどすべては有機ELディスプレイによってすでに実現されていることです。有機ELディスプレイが電子ペーパーの最右翼にいるといわれるゆえんです。

7-3 液晶ディスプレイ関連部材

液晶ディスプレイは液晶分子と偏光を使うため、カラーフィルターのほかにも特殊な部材を必要とします。それらを解説していきましょう。

液晶分子の種類

液晶にはいろいろな種類があります。おもなものを見てみましょう。

ネマチック液晶　：典型的な液晶で、位置の規則性はなく、全分子は同じ方向を向いています。液晶ディスプレイに用いるのはこの種類です。

スメクチック液晶：位置の規則性が少し残っているタイプです。つまり図に見るように、液晶分子は一定の面上に立っており、この面が何層にもわたって積み重なります。

液晶分子の種類

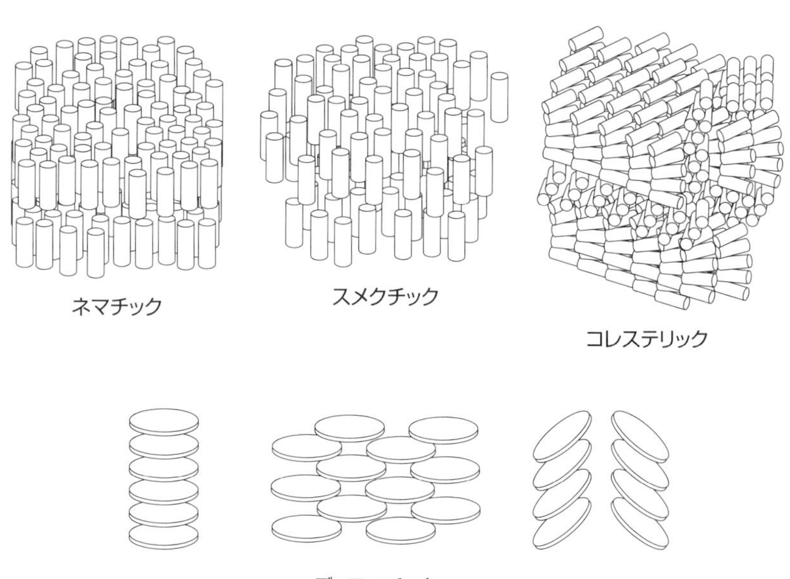

コレステリック液晶：特殊な液晶で、分子がラセン状に並びます。最初に発見されたコレステリックの液晶がこのタイプでした。そのためコレステリック液晶といわれます。

ディスコチック液晶：普通の液晶は棒状の長い分子ですが、この液晶はベンゼン環などの環状分子からできた分子です。積み重なり方によっていろいろなタイプがあります。

高分子分散型液晶

高分子分散型液晶は文字どおり、高分子（プラスチック）に液晶を分散させたものです。構造は簡単にいうと透明プラスチックに無数の微小な泡を作り、その中に液晶を入れたものです。この泡は、一般には**マイクロカプセル**といわれるものです。

泡の中の液晶分子は、メダカと同じようにすべて同じ方向を向いています。しかしその方向は泡ごとに異なります。そのため、光は散乱されて透過されません。つまり画面は黒です。氷は透明なのにカキ氷にすると不透明になるのと同じ原理です。

しかし、パネルに通電すると液晶分子の配向方向はすべて同じになり、光を通過させます（白）。この方法は偏光を用いる必要がないため、偏光を用いることによって生じる液晶テレビの短所を根本から解消するものです。

マイクロカプセル

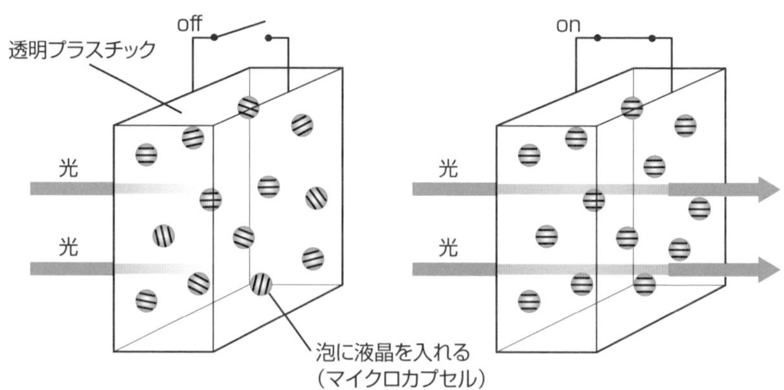

発光パネル

発光パネルは光を出して光り続けるパネルです。理想的には面発光体がよいのですが、現在は細い蛍光灯を何本も並べるとか、LEDを敷き詰めるなどして面発光を模しています。しかし有機ELを使えば完全な面発光が可能ですから、将来はそのようなものに代わっていくでしょう。

偏光フィルム

発光パネルから出た普通の光を偏光にして液晶に届けるのが**偏光フィルム**です。簡単にはポリエチレンのような長い高分子からできたフィルムを一方向に延伸すれば分子が一方向に並びます。この膜に普通の光を照射すればその方向の光だけが通過するので偏光を取り出すことができます。

しかし実際にはポリビニルアルコールPVAというプラスチック分子にヨウ素（I）化合物を含浸して作ります。PVAフィルム内に浸透したヨウ素化合物分子がPVAと錯体を形成し、この分子同士がいくつかつながって長いポリ・ヨウ素となって並び、偏光性能を示すようになるのです。

ヨウ素化合物分子のほかに染料系の有機化合物を用いることもあります。偏光性能では劣りますが耐久性に優れるため、車載用の液晶ディスプレイで使用されます。

偏光フィルム

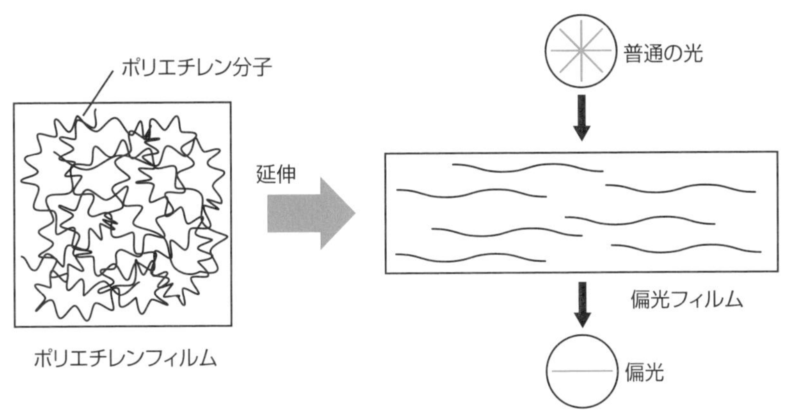

7-4

その他のディスプレイ関連部材

最後に、ディスプレイの今後の進化に欠かせない可能性があるいくつかの新素材について簡潔に述べます。

ディスプレイに関係する部材はほぼ出尽くしましたので、部材とはいえませんが、カーボンナノチューブやC_{60}フラーレンなどについても見ておきましょう。

炭素の同素体

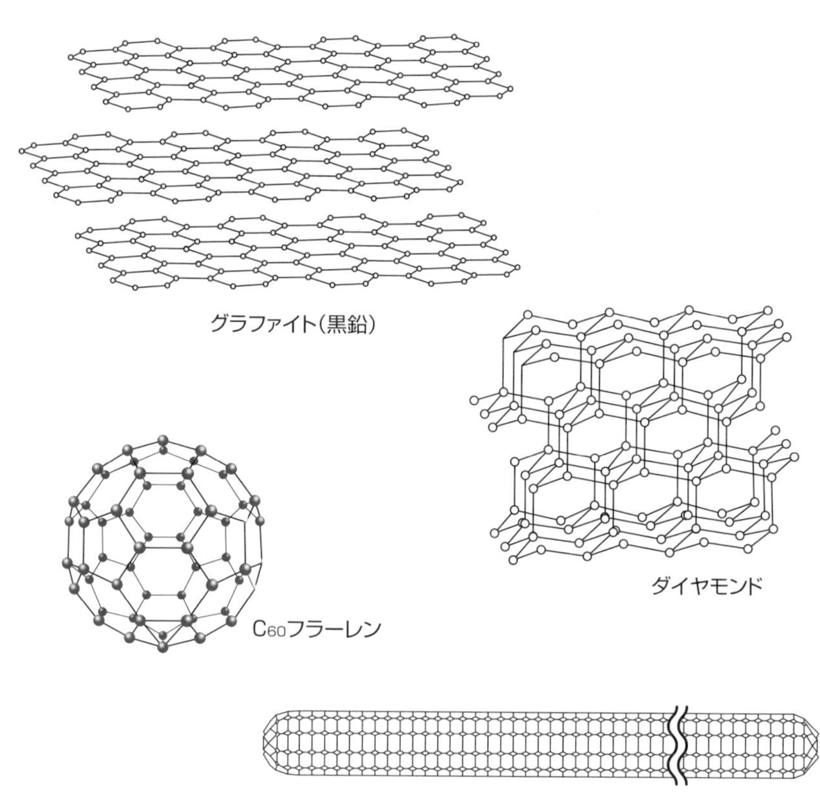

C_{60} フラーレン

唯一種類の原子だけでできた分子を一般に単体といいます。水素分子H_2、酸素分子O_2などが典型です。しかし酸素原子だけからできた単体にはO_2のほかにオゾン分子O_3もあります。このように、同じ原子からできた異なる単体を互いに同素体といいます。

酸素にはO_2とO_3の二種の同素体しか知られていませんが、炭素には多くの同素体があります。よく知られたところではダイヤモンドやグラファイト（黒鉛）があります。このような炭素の同素体として20世紀末に発見されたものにC_{60}フラーレンやカーボンナノチューブがあります。

C_{60}フラーレンは図のような球形の分子で60個の炭素原子だけからできた分子です。このような分子にはほかにも炭素数74個のラグビー型の分子など、いろいろなものが知られています。

C_{60}フラーレンは電気的に優れた性質をもつだけでなく、活性酸素を不活性化させるとか、潤滑性があることなどからで、最近いろいろな面で使われています。

カーボンナノチューブ

カーボンナノチューブは図のような長い円筒状の分子であり、炭素6個からできた六角形が連続した平面が丸まってできたものです。多くの場合、両端は閉じています。太めのカーボンナノチューブの内部に細めのものが入った入れ子式のものもあり、それが何重にも重なったものもあります。

電気的に優れた性質をもっているほか、内部にほかの分子を入れることもできるのでDDS（Drug Delivery System、薬剤配送システム）に使うこともできると考える研究者もいます。

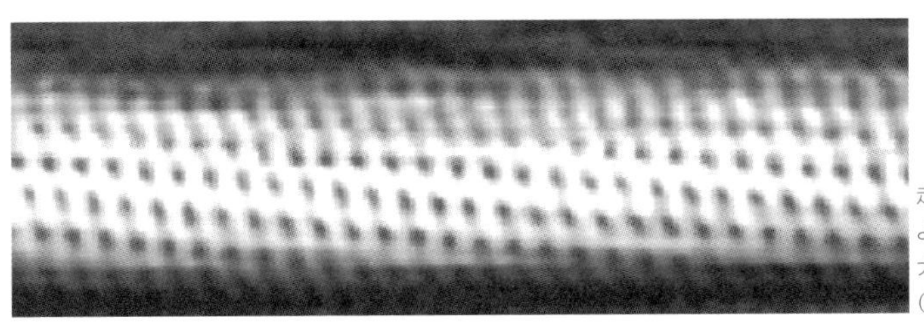

走査型トンネル顕微鏡によって得られたカーボンナノチューブの画像（出典：Wiki）

グラフェン

グラフェンは多数のベンゼン環が並んだ構造の二次元物質です。以前から興味をもたれた化合物でしたが、2000年代になるまでグラフェンを入手することは困難であり、長年この分野の研究は進みませんでした。ところが2004年に画期的な作成法が考案されたおかげで研究が容易となり、2010年にアンドレ・ガイムとコンスタンチン・ノボセロフがノーベル物理学賞を受賞しました。

グラフェンの構造は多層化合物であるグラファイトの一層と同じものです。それからわかるように、グラフェンの作り方とは、セロハンテープにグラファイト（黒鉛）のかけらを貼りつけて剥がすことで、グラフェンが一層ずつ剥がれてくることを利用したもので、わかってみればコロンブスの卵よりもっと、簡単な話でした。

逆にいえば、グラファイトはグラフェンを何枚も重ねたもの、カーボンナノチューブはグラフェンを巻いて筒状にしたもの、C_{60}-フラーレンはグラフェンで作った球と見ることができます。

グラフェンは半導体素子や透明導電膜などに利用することが考えられるほか、太陽帆のようなマイクロ波を照射することによって前進する宇宙船の開発が研究されています。

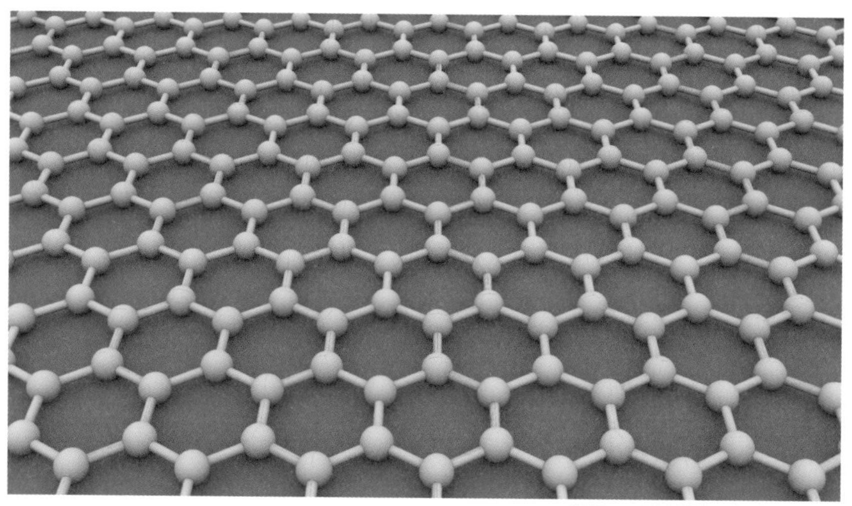

グラフェンの分子構造モデル（出典：Wiki）

第8章

ディスプレイ関連部材の市場と供給

現代社会で電子デバイスの必要性が増すにつれ、ディスプレイ（パネル）および関連部材の市場は拡大し続けることでしょう。本書の最後となるこの章では、ディスプレイおよび関連部材の市場の推移や今後について、さまざまなデータを見ながら解説します。

8-1

ディスプレイの性能表現

さまざまなディスプレイがあり、さまざまな製品が出回る今日、その性能はどのように評価すべきでしょうか。ここではその1つの指針を紹介します。

現代社会は電子ディスプレイの技術なくしては成り立たない状態です。家庭のテレビは薄型テレビに席巻されましたし、私たちの手元にあって一時も離されないスマートフォンやタブレット、スマートウォッチなどの画面は、電子ディスプレイ以外のものはありえない状態です。

ディスプレイの種類

ディスプレイの種類はたくさんあります。現代社会のディスプレイに対する要求は高く多様です。小さいものでは手元で人知れずに見る1センチメートル平方のものから、各種競技場で見る10メートル平方を超えるものまで各種あり、それぞれは高度な精細度と色彩の正確さが要求されます。

そのような多様な要求に対応するべく、各種のディスプレイが開発されています。液晶ディスプレイやプラズマディスプレイ、スマートフォンで採用が相次ぐ有機ELディスプレイをはじめ、発光ダイオードディスプレイ、電界放出ディスプレイなどがあることは、ここまで解説したとおりです。その原理と機能の違いについても、理解していただけたものと思います。

選択の基準

ディスプレイの種類はたくさんあっても、消費者に選択されるのはそのうちの一種です。特に一般消費者はシビアです。それも当然。現在の家庭におけるディスプレイ、すなわち50インチ以上の大型薄型テレビは、価格10万円を超えるものであり、一般家庭では大きな買い物です。一度買ったら10年程度は使いたいものです。

そのようなときに家電量販店に行くと、各種大型テレビが目白押しです、なにを買ったらよいのでしょう？　本書にその答えを聞かれても困ります。それぞれに、それぞれの長所と短所があるとしかいいようがありません。

価格や値引き率は重要な選択要素ですが、それ以外に技術、性能、耐久性など選択要素はいろいろあります。その一例を示したのが下の表です。この表をもとに1～5の点数をつけてみたら意外と選択はスムーズにいくかもしれません。

ディスプレイの性能表現項目

輝度	単位面積あたりの明るさ。Cd/m^2、もしくはnitが単位。輝度が高いほどディスプレイの画面は明るく、特に暗所で見やすい。テレビ画面の輝度には全画面輝度とピーク輝度がある。
階調	輝度の明暗の段階。RGB各色が階調をもち、RGB各色が32ビットの信号とすると、各色は8階調となる。スマートフォンではRGBとも6ビット、64階調が一般的である。
色数	RGBの各色の階調とその組み合わせによってできる色の数。RGBが8階調だと、色数は512色（8×8×8）。現行のテレビ用パネルは1677万色。ハイビジョンでは約10億色の色数の信号が標準。
コントラスト	黒と白の輝度の比。ディスプレイによって定義が異なるが、LCDの場合は 全画面黒と全画面白の比を測定。コントラストが高いほど透明感や色純度が向上してメリハリの利いた表示となり、低いと全体的に淡い表示になる。
透過率	光の透過を利用するディスプレイで透過前の光の強さ（輝度または光量）と 透過後の光の強さの比率を%で表す。透過率が高いと同一バックライトを使用するときは高輝度になり、明るく見やすい表示が得られる。
色再現性	ディスプレイがもつ表示色の色相、彩度、明度の表現能力を示す。通常CIEの色度図を使って再現範囲を表す場合が多い。色再現範囲が広いほど彩度は高くなり、再現できる色（色相）の領域が広がる。
視野角	表示画像のコントラスト、輝度、色などの画質が見る角度によって変化する場合、視認可能な角度範囲。液晶ではコントラストが10対1以上の角度範囲を視野角と定義することが多く、上下左右の角度で表記する。
応答速度	動画を表示した場合、輝度特性が入力信号に対してどの程度 遅延するかを示す指標。単位はms。応答時間が長いほど動画像に尾引きが見られ、不鮮明な表示となる。

出典：『液晶・PDP・有機EL徹底比較』（岩井善弘・越石健司 著、工業調査会）

かつて家庭用の薄型大画面テレビには、液晶型とプラズマ型がありました。液晶型とプラズマ型は性能的に甲乙つけがたいところがあり、消費者はどちらを選んだらよいかおおいに悩んだものです。その後、プラズマ型が市場から消え、液晶の時代が訪れますが、ここ数年は有機ELの勢いが激しく、そのシェアは日増しに高まっています。同じインチで比較した場合、価格面では液晶型が優位に立っていますが、表示性能は有機ELにおよびません。ここに4Kや8Kなど送信側の性能向上が加わりますので、ディスプレイ市場の展開を予想するのは一筋縄ではいかなそうです。

年度別家庭用テレビ需要推移

	液晶29型以下	液晶30型~36型	液晶37型以上	PDP43型以下	PDP44型以上
2006年	163万台	188万台	102万台	66万台	11万台
2008年	305万台	293万台	251万台	87万台	199万台

	薄型29型以下	薄型30型~36型	薄型37型以上	
2010年	803万台	890万台	826万台	←液晶&PDP
2012年	217万台	226万台	202万台	←液晶&PDP

	薄型29型以下	薄型30型~36型	薄型37~49型	薄型50型以上	
2014年	154万台	177万台	146万台	72万台	←ほぼ液晶

↓大型へシフト

	薄型29型以下	薄型30型~36型	薄型37~49型	薄型50型以上	内4K対応
2016年	114万台	134万台	147万台	80万台	122万台
2017年	91万台	113万台	141万台	82万台	150万台

↓有機ELの台頭

	薄型30~39型	薄型40~49型	薄型50型以上	内4K対応	有機EL
2018年	78万台	114万台	105万台	199万台	17万台
2020年	99万台	141万台	193万台	270万台	63万台

出典：JEITAの年別国内出荷実績より抜粋

8-2

ディスプレイ市場の現状

ディスプレイ市場が拡大するにつれ、さまざまな企業が参入してきました。ここではその経緯と現在の状況などについて簡潔に述べていきます。

ディスプレイ市場への参入と撤退

社会の情報化はとどまるところを知りません。電車に乗っても多くの乗客は立っても座ってもスマホを手にしているのではないでしょうか？　そんなに大切な情報が四六時中流れているのか？ と気になりますが、若い方のなかには情報が必要なのではなく、ゲームをしている方も多いようです。

用途はともかく、ディスプレイ機材が必要とされていることに間違いはありません。これは経済的に考えればそれだけの市場があることを意味します。

10年以上前、薄型テレビへの期待が高まるなか、日中韓の企業が続々と市場に参入してきました。しかし日本の大手家電メーカーのほとんどはパネルの開発・製造から手を引き、今や中国や韓国からパネルを購入してディスプレイを製造するようになっています。

日本でいまだ液晶パネルを開発・製造し、市場競争力のある企業は、ソニー・東芝・日立製作所の液晶事業を統合して生まれたJDI（ジャパンディスプレイ）ぐらいです。しかしJDIを長年支えてきたアップルは、2020年に発売した「iPhone12」から全モデルのディスプレイを液晶から有機ELへと変えました。2023年7月時点でのスマートフォンでの液晶採用モデルは「iPhone SE（第3世代）」だけです。iPadシリーズは全モデルが液晶ですが、有機ELを採用する可能性が複数のメディアで報じられています。

「液晶のシャープ」で世界を席巻したシャープは台湾の鴻海精密工業（フォックスコン）に買収され、家電製品などでは復活を遂げましたが、2022年6月に子会社化した液晶パネルを製造する堺ディスプレイプロダクト（SDP）の赤字に苦しんでいます。

JDI・ソニー・パナソニックの有機EL事業を統合して設立されたJOLED（ジェイオーレッド）も2023年3月、民事再生法の適用を申請してしまいました。印刷方式の有機ELには大きな期待がかかっていましたが、量産化に時間がかかってしまったことが致命的となりました。なおJOLEDの研究開発部門はJDIに引き継がれるとのことです。

RGB印刷方式の技術的特徴

有機ELパネルの製造方式にはいくつかあり、韓国サムスンディスプレイは「RGB蒸着方式(RGB塗り分け方式)」、韓国LGディスプレイは「白色蒸着方式(カラーフィルター方式)」を採用しています。RGBと白色の部分が発光方式を指し、蒸着の部分は製造方式を指します。RGB蒸着方式には中型以上のパネルを製造するのが難しいという問題があり、韓国サムスンディスプレイは一時的に大型有機ELから撤退していました。しかし近年、韓国サムスンディスプレイは量子ドット有機EL(QD-OLED)によって復活を遂げています。

JOLEDが開発した「RGB印刷方式」も、これらとシェア争いを繰り広げるはずでした。RGB印刷方式は大気圧環境で有機EL層を形成できるため、真空装置や蒸着用マスクは不要。かつ、印刷により必要な箇所にのみ材料を塗布する

▼RGB印刷方式の方式的メリット

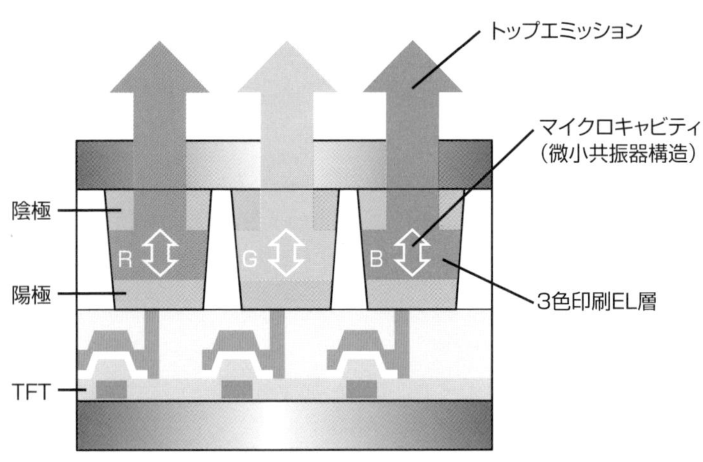

ため材料利用効率に優れるという特徴がありました。また同一印刷ヘッドで異なるサイズのパネルを製造できるため、さまざまなサイズに対応することもできました。このためRGB印刷方式には大きな期待がかかっていたのですが、量産化に時間がかかったのが致命的でした。

なおJOLEDを引き取ったJDIではすでに、蒸着用マスクが不要でさまざまなサイズに対応可能という特徴をもつ「eLEAP」という次世代の有機EL技術の開発を進めていることから、RGB印刷方式は引き継がないようです。

▼RGB印刷方式のコスト的メリット

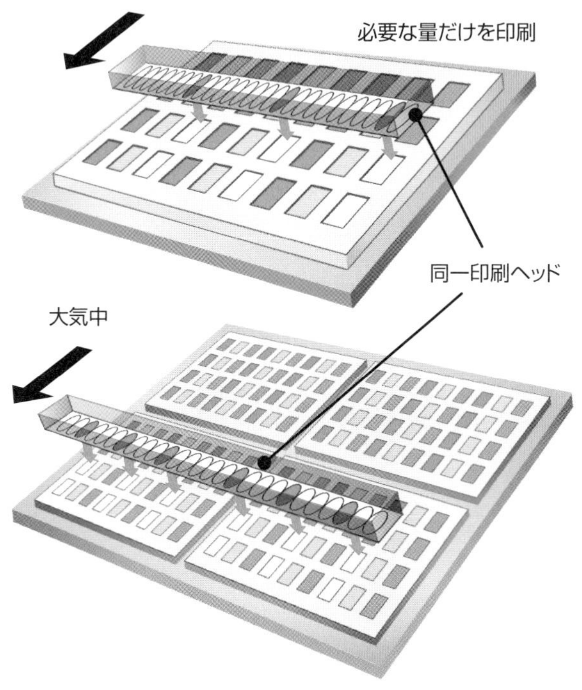

RGB印刷方式は、白色蒸着方式やRGB蒸着方式に比べて、大気圧環境で製造できるため、真空装置やメタルマスクが不要で生産効率が高く、また印刷により必要な箇所のみに材料を塗布するため材料利用効率がよく、さらに同一印刷ヘッドで異なるサイズのパネルを製造できるのでサイズ拡張性が高い、というメリットがある

8-3 ディスプレイの市場状況

一般にディスプレイのシェアは、製品のシェアで語られます。ここではパソコン用のディスプレイを例に、その状況をまとめてみました。

パソコンが普及する以前は、家庭用のテレビこそが、ディスプレイの市場を測る目安でした。しかし現在では、家庭用テレビに加え、パソコンのモニターとしてのディスプレイの台数が非常に増えています。ここではその販売実績がどうなっているのかを見てみましょう。

販売実績

2019年12月、新型コロナウイルス感染症（COVID-19）の世界的流行が始まり、世界の多くの企業が感染対策としてテレワーク（リモートワーク）を導入し、多くの人が自宅のパソコン＆ネットワーク環境を整備する必要に迫られました。また国内では同じ年にGIGAスクール構想が始まったことから、パソコンやディスプレイ・パネル市場に特需が訪れました。

液晶ディスプレイの販売台数の推移

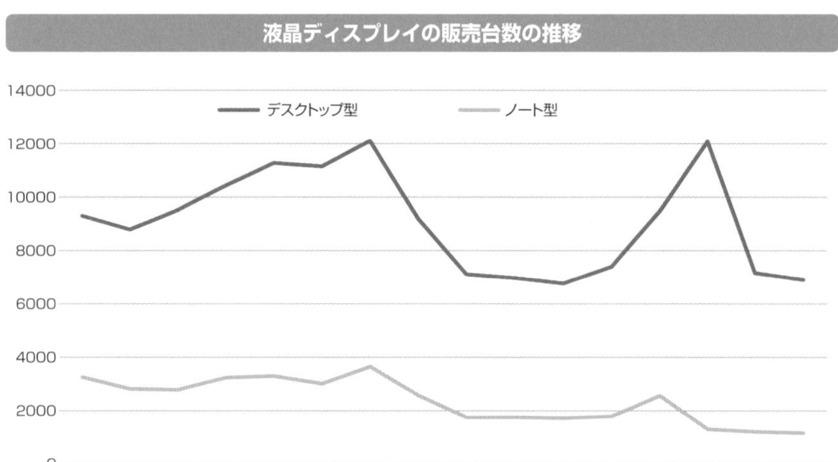

出典：ディールラボ

また近年はパソコンゲームのプラットフォーム「Steam（スチーム）」が浸透したことでゲーミングPCの出荷が増え、27インチ以上のディスプレイを選ぶユーザーも増えています。BCNが2022年7月に実施した「第3回 液晶モニター購入・利用実態調査」の「直近で購入した液晶モニターのインチサイズ」では、23～24インチのディスプレイを購入したユーザーが29%でもっとも多かったものの、25～29インチのディスプレイが18.7%まで伸びており、23インチ以上のディスプレイを購入したユーザーは全体の約6割を占めるまでになりました。

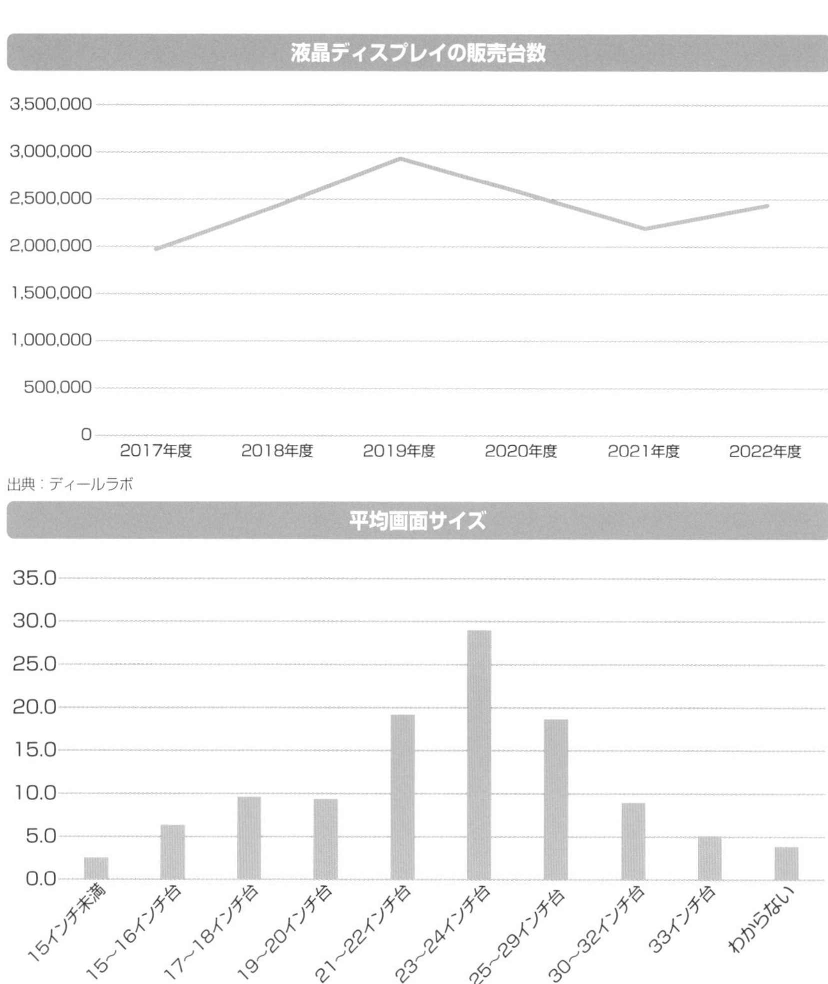

パソコン用ディスプレイの現状

家庭用のテレビでは有機ELのシェアが高まってきましたが、パソコン用ディスプレイではいまだ液晶が主流です。国内ではパソコンの周辺機器メーカーとして長い歴史をもつアイ・オー・データ機器をはじめ、アメリカのデルやHP、韓国のLGエレクトロニクス、台湾のBenQ、ASUS、MSIなどが激しいシェア争いを繰り広げています。しかしなぜパソコン用ディスプレイは液晶が主流のままなのでしょうか？パネルの価格差の問題もありますが、有機ELが**焼きつき**を起こしやすい特性をもつことが理由の１つに挙げられるでしょう。

焼きつきとは動きのない同じ画面を長時間表示し続けたり、輝度を明るくしすぎたりしたときに起こる残像のような現象のことで、一度起きてしまうとまず直らないやっかいなものです。有機ELのテレビで視聴したり、スマホでアプリを使ったり、携帯ゲーム機で遊ぶぶんにはまず起こらないものですが、パソコン用のディスプレイでは焼きつきの可能性が高まります。業種によっては、同じ画面（ソフト）を長時間使い続けることが多いためです。

とはいえ焼きつき防止の機能をもつ製品やOSも増えてはいるので、普通に使っているぶんにはあまり気にしなくても大丈夫です。パソコンのOSでスクリーンセーバーをONにしておけば、焼きつきの対策になります。

焼きつきは有機ELだけでなく、ほかのディスプレイでも起こる。写真は液晶の例で、残像またはゴーストイメージと呼ばれる
（出典：Wiki）

8-4

パネルメーカーのシェア

ディスプレイの世界的状況を把握するのに、パネルのシェアを知ることはきわめて重要です。ここではそのシェアをサイズごとに見ていきます。

液晶と有機ELパネルのシェア

液晶パネルはその昔、日本の技術を象徴する製品の1つでした。シャープの亀山工場は「世界の亀山」のブランド名で、液晶パネルを作り、世界に向けて液晶テレビを送り出していたものです。しかし2021年にディールラボがまとめたデータによれば、液晶と有機ELパネルの世界シェアは、台湾の鴻海精密工業（フォックスコングループ）の子会社となったシャープを足しても、わずか10%ほどしかありません。日本を追い抜いていったのは韓国でしたが、その韓国も台湾に抜かれ、今は中国が世界シェアに王手をかけています。

液晶と有機ELパネルの世界シェア

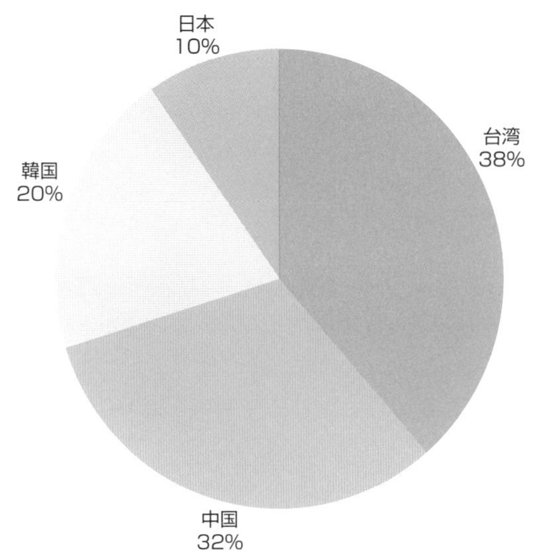

出典：ディールラボ

そして右の円グラフは大型、中・小型、スマートフォン向け液晶パネルの製造会社別のシェアを表したものです。10年前、大型や中型では日本企業の名で占められていたのですが、現在は中国と韓国の企業にシェアの大半を奪われています。ソニー・東芝・日立製作所の中小型液晶事業を統合してできたJDI（ジャパンディスプレイ）が中・小型やスマートフォン向けでは健闘していますが、厳しい状況であることはいうまでもありません。また台湾の鴻海に買収されたシャープは、台湾の工場で製造した液晶パネルを展開しています。

世界の液晶＆有機ELパネルメーカー

メーカー別では、すでに中国のメーカーがトップとなっています。BOE（京東方科技集団）は中国・北京に本社をもつメーカーですが、2019年に液晶パネルで世界トップとなり、現在は有機ELでも韓国のサムスンディスプレイや台湾のLGディスプレイを追い上げています。

サムスンディスプレイは液晶や有機EL搭載のスマートフォンで、LGディスプレイはパソコン用液晶ディスプレイで日本でもおなじみのメーカーです。この2社の製品を愛用している方は多いことと思います。

AUO（友達光電）は台湾のメーカーで、大型の液晶パネルに強みをもちます。イノラックス（群創光電）はシャープを子会社化したフォックスコンのグループ会社で、近年は台湾だけでなく中国でも液晶パネルの生産拠点を広げています。

Tianma（天馬微電子）とCSOT（TCL華星光電技術）も中国のメーカーで、前者は車載や産業用の中・小型液晶パネルに強みをもち、後者は家庭用テレビに強みをもちます。CSOTはアメリカで家庭用テレビのシェアトップ3の一角を占めるTCLの子会社で、近年は日本でもネット通販を中心にTCLの大画面テレビがシェアを伸ばしています。CSOTは2020年にJOLEDと印刷方式の有機ELの製造で資本業務提携を締結したことでも話題となりました。

日本のメーカーではシャープ、JDI、堺ディスプレイプロダクトが液晶パネルを製造していますが、JOLEDが民事再生法の適用を申請したことで有機ELパネルを製造していた工場は閉鎖されてしまいました。このため有機ELパネルの調達は、韓国や台湾、中国のメーカーにすべて頼ることになります。

液晶&有機ELパネルメーカーのシェア

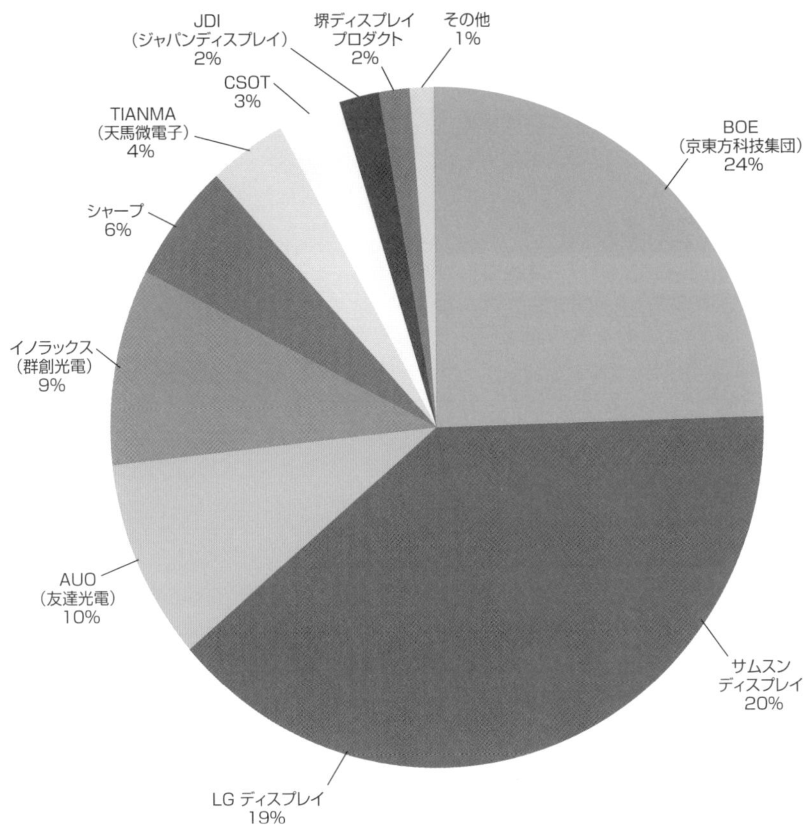

出典:ディールラボ

8-5 ディスプレイ関連部材メーカーの状況

液晶パネルでは中国・韓国に押されまくっている日本ですが、関連部材では高いシェアを誇ります。本書の最後にそれを見てみましょう。

関連部材市場の動向

液晶や有機ELパネルの製造では、日本のメーカーに挽回する余地がありません。しかしパネルの製造装置や関連部材の多くでは、日本のメーカーががんばっています。

液晶パネルや有機ELパネルなどのフラットパネルディスプレイ（FPD）を製造するのに欠かせないのがFPD製造装置で、露光装置をはじめ熱処理成膜装置、洗浄装置など用途に応じてさまざまな装置があります。FPD製造装置で高いシェアを誇るのがニコンやキヤノンといったカメラメーカーですが、アルバックやブイ・テクノロジー、SCREENファインテックソリューションズなどの日本のメーカーも負けてはいません。FPD製造装置は精密機器の極みともいえる装置なので参入障壁が高く、日本の高い技術力が活きる装置の最たるものといえるでしょう。

液晶パネルと有機ELパネルともに欠かせないのが電子部品の素子などを形成するためのガラス基板（ガラスフィルム）です。この部品でも日本のメーカーが強く、AGC（旭硝子）と日本電気硝子の日本を代表するガラスメーカーが高いシェアを誇ります。

液晶パネルではガラス基板の上に偏光パネルが必要になりますが、この偏光板（偏光パネル）では日東電工と住友化学が以前から高いシェアを占めています。偏光板の部材にはTAC（トリアセチルセルロース）フィルム、PVA（ポリビニルアルコール）フィルム、位相差フィルムなどのフィルムがありますが、ここも日本のメーカーが強い分野です。TACフィルムでは富士フイルムやコニカミノルタグループが、PVAフィルムではクラレや三菱ケミカルが、位相差フィルムでは化学メーカーのJSRや日本ゼオンが高いシェアを誇ります。

カラーフィルターも液晶パネルに欠かせない部材ですが、ここは凸版印刷と大日本印刷という日本の大手印刷メーカーが、本業でつちかった技術を活かして活躍し続けています。

液晶材料ではJNC（チッソ）やインクメーカーのDICが、ドイツのメルクと激しいシェア争いを繰り広げていますし、有機EL材料では保土谷化学工業や出光興産、住友化学などががんばっています。材料は正孔輸送材料や電子輸送材料、塗布型正孔輸送材料などを指し、化学の技術力が問われるものです。

ざっと関連部材メーカーについて紹介しましたが、液晶から有機ELへシフトが進めば勢力図も変わっていくでしょう。

液晶&有機ELの構造と部材

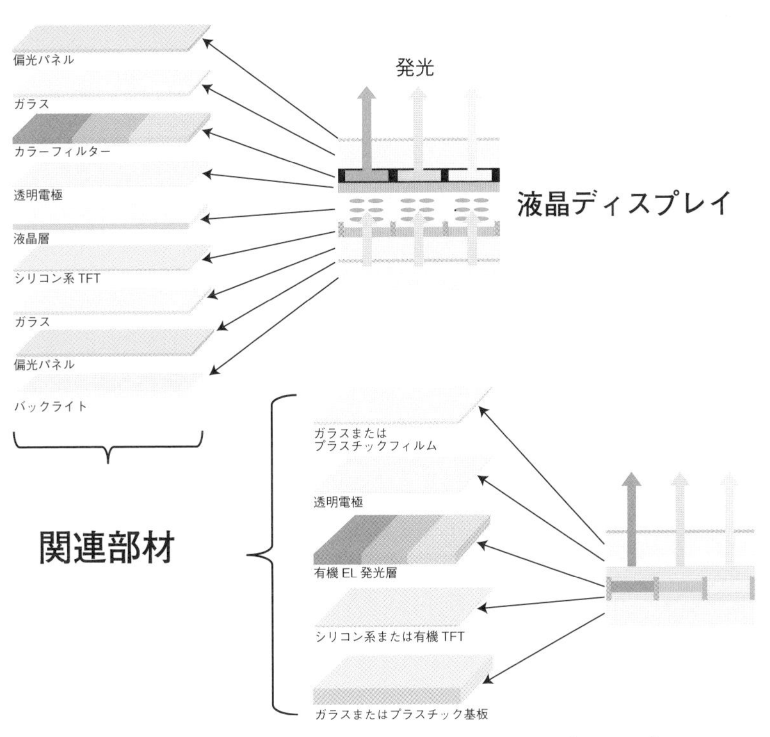

参考文献

『フラットパネルディスプレイ最新動向』 岩井善弘・越石健司・松尾尚　工業調査会 (2005)
『図解入門 よくわかる 最新ディスプレイ技術の基本と仕組み [第2版]』 西久保靖彦　秀和システム (2009)
『大画面・薄型ディスプレイの疑問100』 西久保靖彦　SBクリエイティブ (2009)
『超分子化学の基礎』 齋藤勝裕　化学同人 (2001)
『目で見る機能性有機化学』 齋藤勝裕　講談社 (2002)
『分子のはたらきがわかる10話』 齋藤勝裕　岩波書店 (2008)
『色材・顔料・色素の設計と開発』 齋藤勝裕他　情報機構 (2008)
『有機ELと最新ディスプレイ技術』 齋藤勝裕　ナツメ社 (2009)
『光と色彩の科学』 齋藤勝裕　講談社 (2010)
『入門！超分子化学』 齋藤勝裕　技術評論社 (2011)
『知っておきたい有機化合物の働き』 齋藤勝裕　SBクリエイティブ (2011)
『生きて動いている「有機化学」がわかる』 齋藤勝裕　ベレ出版 (2015)
『分子集合体の科学』 齋藤勝裕　C＆R研究所 (2017)

索引

INDEX

英数字

あ行

か行

索引

さ行

た行

著者紹介

齋藤 勝裕（さいとう かつひろ）

1945年生まれ。1974年、東北大学大学院理学研究科博士課程修了。現在は名古屋工業大学名誉教授。理学博士。専門分野は有機化学、物理化学、光化学、超分子化学。著書は『図解入門 よくわかる 最新 有機化学の基本と仕組み』『図解入門 よくわかる 最新 物理化学の基本と仕組み』『図解入門 よくわかる 最新 高分子化学の基本と仕組み』『図解入門 よくわかる 最新 界面活性剤の基本と仕組み』『ビジュアル「毒」図鑑250種』（秀和システム）など、共著・監修を含め200冊以上。

小宮 紳一（こみや しんいち）

ソフトバンクで20年以上に渡り、IT関連の雑誌編集長やグループ会社の代表・役員を歴任。その後、グローバルマインの代表取締役として、シニアビジネスやサブスクリプションの領域で多くの企業と協働して事業展開し、シニア向けスマートフォンの開発などを行う。おもな著書は、『事例で学ぶサブスクリプション［第2版］』『最新ITトレンドの動向と関連技術がよ〜くわかる本』（秀和システム）など。

●イラスト：箭内祐士

図解入門 よくわかる
最新 ディスプレイの基本と仕組み

発行日 2023年 9月 7日　　第1版第1刷

著 者 齋藤 勝裕／小宮 紳一

発行者 斉藤 和邦
発行所 株式会社 秀和システム
〒135-0016
東京都江東区東陽2-4-2 新宮ビル2F
Tel 03-6264-3105（販売）Fax 03-6264-3094
印刷所 三松堂印刷株式会社　Printed in Japan

ISBN978-4-7980-7037-7 C0055

定価はカバーに表示してあります。
乱丁本・落丁本はお取りかえいたします。
本書に関するご質問については、ご質問の内容と住所、氏名、電話番号を明記のうえ、当社編集部宛FAXまたは書面にてお送りください。お電話によるご質問は受け付けておりませんのであらかじめご了承ください。